《中国大百科全书》普及版·美术卷

中国建筑艺术

中国大百科全书出版社
Encyclopedia of China Publishing House

图书在版编目（CIP）数据

中国建筑艺术 / 《中国大百科全书：普及版》编委
会编. -- 北京：中国大百科全书出版社，2014.2
（中国大百科全书：普及版.美术卷）
ISBN 978-7-5000-9311-4

Ⅰ．①中… Ⅱ．①中… Ⅲ．①建筑艺术-中国 Ⅳ.
①TU-862

中国版本图书馆CIP数据核字(2014)第009237号

责任编辑：李辛海　武　丹
套书设计：刘　嘉
版式设计：李　征　邵丹琳
责任印制：乌　灵

中国大百科全书出版社出版发行
（北京阜成门北大街17号 邮政编码：100037 电话：010-88390752）
http://www.ecph.com.cn
新华书店经销
三河市兴国印务有限公司印制
开本：720毫米×1020毫米　1/16　印张：8　字数：134千字
2014年2月第1版 2019年1月第3次印刷
ISBN 978-7-5000-9311-4
定价：28.00 元

前言

　　《中国大百科全书》的编纂和出版是国家重点文化工程，是代表国家科学文化水平的权威工具书。全书的编纂工作一直得到党中央、国务院的高度重视和支持，先后有三万多名各学科各领域具有代表性的科学家、专家学者参与其中。1993年按学科分卷出版了第一版，结束了中国没有百科全书的历史；2009年按条目汉语拼音顺序出版了第二版，是中国第一部在编排方式上符合国际惯例的大型现代综合性百科全书。

　　《中国大百科全书》承担着弘扬中华文化、普及科学文化知识的重任。在人们的一般观念里，百科全书是一种用于查检知识和事实资料的工具书，但百科全书的阅读功能却被很多人所忽略。为了充分发挥《中国大百科全书》普及科学文化知识的功能，中国大百科全书出版社以系列丛书的方式推出了面向大众的《中国大百科全书》普及版。

　　《中国大百科全书》普及版的编纂在学科内容上，注重选取与大众学习、工作、生活密切相关的知识领域，如文学、历史、艺术、科技等；在条目的选取上，侧重于学科或知识领域的基础性、实用性条目；在编纂方法上，为增加可读性，以章节形式整编条目内容，对过专、过深的内容进行删减、改编；在装帧形式上，在保持百科全书基本风格的基础上，封面和版式设计更加注重大众的阅读习惯。因此，普及版在充分体现知识性、准确性、权威性的前提下，增加了可读性，使其兼具工具书查检功能和大众读物的阅读功能，读者可以尽享阅读带来的愉悦。

百科全书被誉为"没有围墙的大学"，是覆盖人类社会各学科或知识领域的知识海洋。有人曾说过："多则价谦，万物皆然，唯独知识例外。知识越丰富，则价值就越昂贵。"而知识重在积累，古语有云："不积跬步，无以至千里；不积小流，无以成江海。"希望通过《中国大百科全书》普及版的出版，让百科全书走进千家万户，实现普及科学文化知识、提高民族素质的社会功能。

《中国大百科全书》普及版编委会
2013年6月

目 录

中国古代建筑艺术

中国古代建筑艺术在封建社会中发展成熟，它以汉族木结构建筑为主体，也包括各少数民族的优秀建筑，是世界上延续历史长、分布地域广、风格非常显明的一个独特的艺术体系。中国古代建筑对于日本、朝鲜和越南的古代建筑有直接影响，17世纪以后，也对欧洲产生过影响。

艺术特征 和欧洲古代建筑艺术比较，中国古代建筑艺术有3个最基本的特征：①审美价值与政治伦理价值的统一。艺术价值高的建筑，也同时发挥着维系、加强社会政治伦理制度和思想意识的作用。②植根于深厚的传统文化，表现出鲜明的人文主义精神。建筑艺术的一切构成因素，如尺度、节奏、构图、形式、性格、风格等，都是从当代人的审美心理出发，为人所能欣赏和理解，没有大起大落、怪异诡谲、不可理解的形象。③总体性、综合性很强。古代优秀的建筑作品，几乎都是动员了当时可能构成建筑艺术的一切因素和手法综合而成的一个整体形象，从总体环境到单座房屋，从外部序列到内部空间，从色彩装饰到附属艺术，每一个部分都不是可有可无的，抽掉了其中一项，也就损害了整体效果。这些基本特征具体表现为：

重视环境整体经营 从春秋战国开始，中国就有了建筑环境整体经营的

北京天坛建筑群

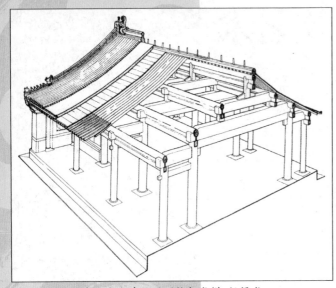

中国古代建筑屋顶构架式样 抬梁式

观念。《周礼》中关于野、都、鄙、乡、闾、里、邑、丘、甸等的规划制度，虽然未必全都成为事实，但至少说明当时已有了系统规划的大区域规划构思。《管子·乘马》主张，"凡立国都，非于大山之下，必于广川之上"，说明城市选址必须考虑环境关系。中国的堪舆学说起源很早，除去迷信的外衣，绝大多数是讲求环境与建筑的关系。古代城市都注重将城市本体与周围环境统一经营。秦咸阳北包北坂，中贯渭水，南抵南山，最盛时东西达到二三百里，是一个超级尺度的城市环境。长安（今陕西西安）、洛阳、建康（今江苏南京）、北京等著名都城，其经营范围也都远远超过城墙以内；即使一般的府、州、县城，也将郊区包容在城市的整体环境中统一布局。重要的风景名胜，如五岳五镇、佛道名山、邑郊园林等，也都把环境经营放在首位；帝王陵区，更是着重风水地理，这些地方的建筑大多是靠环境来显示其艺术的魅力。

单体形象融于群体序列 中国古代的单体建筑形式比较简单，大部分是定型化的式样，孤立的单体建筑不构成完整的艺术形象，建筑的艺术效果主要依靠群体序列来取得。一座殿宇，在序列中作为陪衬时，形体不会太大，形象也可能比较平淡，但若作为主体，则可能很高大。例如明清北京宫殿中单体建筑的式样并不多，但通过不同的空间序列转换，各个单体建筑才显示了自身在整体中的独立性格。

构造技术与艺术形象统一 中国古代建筑的木结构体系适应性很强。这个体系以四柱二梁二枋构成一个称为间的基本框架，间可以左右相连，也可以前后相接，又可以上下相叠，还可以错落组合，或加以变通而成八角、六角、圆形、扇形或其他形状。屋顶构架有抬梁式和穿斗式两种，无论哪一种，都可以不改变构架体系而将屋面作出曲线，并在屋角作出翘角飞檐，还可以作出重檐、勾连、穿插、披搭等式样。单体建筑的艺术造型，主要依靠间的灵活搭配和式样众多的曲线屋顶表现出来。此外，木结构的构件便于雕刻彩绘，以增强建筑的艺术表现力。因此，中国古代建筑的造型美，很大程度上也表现为结构美。

规格化与多样化统一 中国建筑以木结构为主，为便于构件的制作、安装和估工算料，必然走向构件规格化，也促使设计模数化。早在春秋时的《考工记》中，就有了规格化、模数化的萌芽，至迟唐代已经比较成熟。到宋元符三年（1100）编成的《营造法式》，模数化完全定型，清雍正十二年（1734）颁布的《清工部工程做法则例》又有了更进一步的简化。建筑的规格化，促使建筑风格趋于统一，也保证了各座建筑可以达到一定的艺术水平。规格化并不过于限制序列构成，所以单体建筑的规格化与群体序列的多样化可以并行不悖，作为一种空间艺术，显然这是进步的成熟现象。中国古代建筑单体似乎稍欠变化，但群体组合却又变化多端，原因就是规格化与多样化的高度统一。

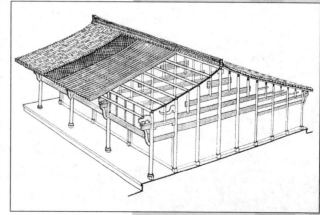

中国古代建筑屋顶构架式样 穿斗式

诗情画意的自然式园林 中国园林是中国古代建筑艺术的一项突出成就，也是世界各系园林中的重要典型。中国园林以自然为蓝本，摄取了自然美的精华，又注入了富有文化素养的人的审美情趣，采取建筑空间构图的手法，使自然美典型化，变成园林美。其中所包含的情趣，就是诗情画意；所采用的空间构图手法，就是自由灵活、运动流畅的序列设计。中国园林讲究"巧于因借，精在体宜"，重视成景和得景的精微推求，以组织丰富的观赏画面。同时，还模拟自然山水，创造出叠山理水的特殊技艺，无论土山石山，或山水相连，都能使诗情画意更加深浓，趣味隽永。

重视表现建筑的性格和象征含义 中国古代建筑艺术的政治伦理内容，要求它表现出鲜明的性格和特定的象征含义，为此而使用的手法很多。最重要的是利用环境渲染出不同情调和气氛，使人从中获得多种审美感受；其次是规定不同的建筑等级，包括体量、色彩、式样、装饰等，用以表现社会制度和建筑内容；同时还尽量利用许多具象的附属艺术，直至匾联、碑刻的文字来揭示、说明建筑的性格和

单坡　平顶　囤顶　硬山

悬山　藏族平顶　毡包式圆顶　拱顶

庑殿　歇山　卷棚　重檐

圆攒尖　盔顶　三角攒尖　四角攒尖　扇面

风火山墙　穹隆顶　盔顶　八角攒尖

中国古代建筑单体形式

内容。重要的建筑，如宫殿、坛庙、寺观等，还有特定的象征主题。例如秦始皇营造咸阳，以宫殿象征紫微，渭水象征天汉，上林苑掘池象征东海蓬莱。清康熙、乾隆营造圆明园、避暑山庄和承德外八庙，模拟全国重要建筑和名胜，象征宇内一统。明堂上圆下方，五室十二堂，象征天地万物。某些喇嘛寺的构图象征须弥山佛国世界等。

艺术形式 中国古代建筑的艺术形式由下列一些因素构成：

铺陈展开的空间序列 中国建筑艺术主要是群体组合的艺术，群体间的联系、过渡、转换，构成了丰富的空间序列。木结构的房屋多是低层（以单层为主），所以组群序列基本上是横向铺陈展开。空间的基本单位是庭院，共有3种形式：①十字轴线对称，主体建筑放在中央，这种庭院多用于规格很高、纪念性很强的礼制建筑和宗教建筑，数量不多；②以纵轴为主，横轴为辅，主体建筑放在后部，形成四合院或三合院，大自宫殿小至住宅都广泛采用，数量最多；③轴线曲折，或没有明显的轴线，多用于园林空间。序列又有规整式与自由式之别。现存规整式序列最杰出的代表就是明清北京宫殿。在自由式序列中，有的庭院融于环境，序列变化的节奏较缓慢，如帝王陵园和自然风景区中的建筑；也有庭院融于山水花木，序列变化的节奏较紧促，如人工经营的园林。但不论哪一种序列，都是由前序、过渡、高潮、结尾几个部分组成，抑扬顿挫一气贯通。

规格定型的单体造型 中国古代的单体建筑有十几种名称，但大多数形式差别不大，主要的有3种：①殿堂，基本平面是长方形，也有少量正方形、正圆形，很少单独出现；②亭，基本平面是正方、正圆、六角、八角等形状，可以独立于群体之外；③廊，主要作为各个单座建筑间的联系。殿堂或亭上下相叠就是楼阁或塔。早期还有一种台榭，中心为大夯土台，沿台建造多层房屋，但东汉以后即不再建造。殿堂的大小，正面以间数，侧面以檩（或椽）数区别。汉以前，间有奇数也有偶数，以后即全是奇数。到清代，正面以11间最大，3间最小，侧面以13檩最大，5檩最小。间和檩的间距有若干等级，内部柱网也有几种定型的排列方式。正面侧面间数相等，就可变为方殿，间也可以左右前后错落排列，出现多种变体的殿堂平面。

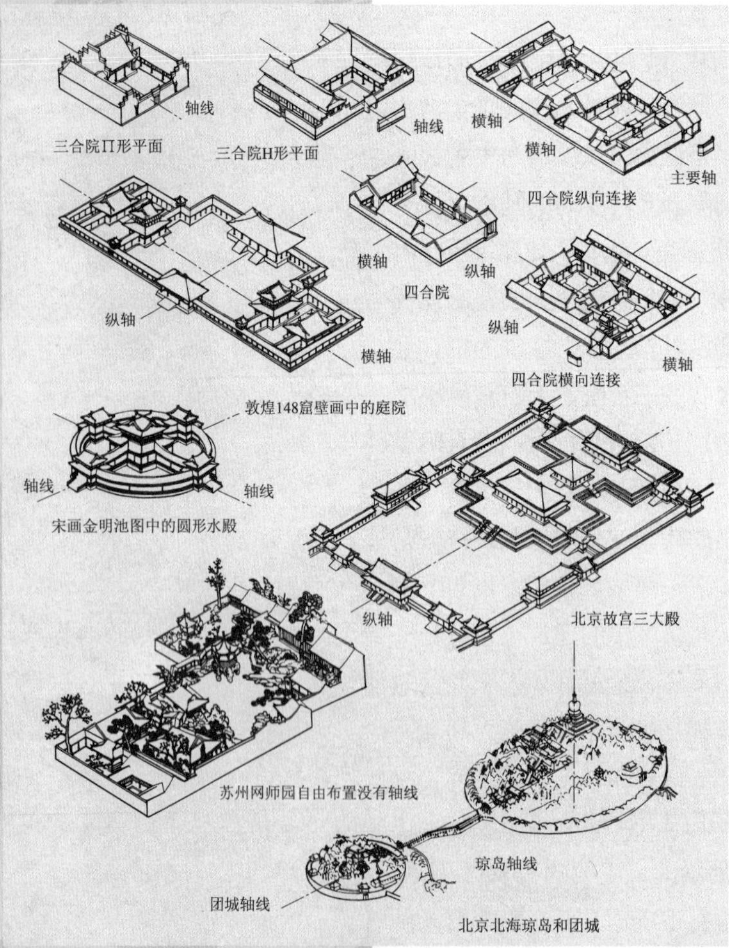
轴线
三合院∏形平面
轴线
三合院H形平面
横轴
横轴
主要轴
四合院纵向连接
横轴
纵轴
四合院
纵轴
横轴
纵轴
横轴
四合院横向连接
敦煌148窟壁画中的庭院
轴线
轴线
宋画金明池图中的圆形水殿
纵轴
北京故宫三大殿
苏州网师园自由布置没有轴线
琼岛轴线
团城轴线
北京北海琼岛和团城

中国古代建筑群体组合形式

不论殿堂、亭、廊，都由台基、屋身和屋顶3部分组成，各部分之间有一定的比例。高级建筑的台基可以增加到2～3层，并有复杂的雕刻。屋身由柱子和梁枋、门窗组成，如是楼阁，则设置上层的横向平座（外廊）和平座栏杆。层顶大多数是定型的式样，主要有硬山、悬山、歇山、庑殿、攒尖5种，硬山等级最低，庑殿最高，攒尖主要用在亭上。廊更简单，基本上是一间的连续重复。单座建筑的规格化，到清代达到顶点，《工部工程做法则例》就规定了27种定型形式，每一种的尺度、比例都有严格的规定，上自宫殿下至民居、园林，许多动人的艺术形象就是依靠为数不多的定型化建筑组合而成的。

形象突出的曲线屋顶　屋顶在单座建筑中占的比例很大，一般可达到立面高度的一半左右。古代木结构的梁架组合形式，很自然地可以使坡顶形成曲线，不仅坡面是曲线，正脊和檐端也可以是曲线，在屋檐转折的角上，还可以做出翘起的飞檐。巨大的体量和柔和的曲线，使屋顶成为中国建筑中最突出的形象。屋顶的基本形式虽然很简单，但却可以有许多变化。例如屋脊可以增加华丽的吻兽和雕饰；屋瓦可以用灰色陶土瓦、彩色琉璃瓦以至镏金铜瓦；曲线可以有陡有缓，出檐可以有短有长，更可以做出2层檐、3层檐；也可以运用穿插、勾连和披搭方式组合出许多种式样；还可以增加天窗、封火山墙，上下、左右、前后形式也可以不同。建筑的等级、性格和风格，很大程度上就是从屋顶的体量、形式、色彩、装饰、质地上表现出来的。

灵活多变的室内空间　使简单规格的单座建筑富有不同的个性，在室内主要是依靠灵活多变的空间处理。例如一座普通的三五间小殿堂，通过不同的处理手法，可以成为府邸的大门、寺观的主殿、衙署的正堂、园林的轩馆、住宅的居室、兵士的值房等内容完全不同的建筑。

室内空间处理主要依靠灵活的空间分隔，即在整齐的柱网中间用板壁、槅扇（碧纱橱）、帐幔和各种形式的花罩、飞罩、博古架隔出大小不一的空间，有的还在室内部分上空增加阁楼、回廊，把空间竖向分隔为多层。再加以不同的装饰和家具陈设，就使得建筑的性格更加鲜明。另外，天花、藻井、彩画、匾联、佛龛、壁藏、栅栏、字画、灯具、幡幢、炉鼎等，在创造室内空间艺术中也都起着重要的作用。

　　绚丽的色彩　中国建筑用色大胆、强烈。绚丽的色彩和彩画，首先是建筑等级和内容的表现手段。屋顶的色彩最重要，黄色（尤其是明黄）琉璃瓦屋顶最尊贵，是帝王和帝王特准的建筑（如孔庙）所专用，宫殿内的建筑，除极个别特殊要求的以外，不论大小，一律用黄琉璃瓦。宫殿以下，坛庙、王府、寺观按等级用黄绿混合（剪边）、绿色、绿灰混合；民居等级最低，只能用灰色陶瓦。主要建筑的殿身、墙身都用红色，次要建筑的木结构可用绿色，民居、园林杂用红、绿、棕、黑等色。梁枋、斗拱、椽头多绘彩画，色调以青、绿为主，间以金、红、黑等色，以用金、用龙的多少有无来区分等级。

河北清东陵慈禧陵梁枋彩画

　　清官式建筑以金龙合玺为最荣贵，雄黄玉最低。民居一般不画彩画，或只在梁枋交界处画"箍头"。园林建筑彩画最自由，可画人物、山水、花鸟题材。台基一般为砖石本色，重要建筑用白色大理石（也称汉白玉）。色彩和彩画还反映了民族的审美观，首先是多样寓于统一。一组建筑的色彩，不论多么复杂华丽，总有一个基调，如宫殿以红、黄暖色为主，天坛以蓝、白冷色为主，园林以灰、绿、棕色为主。其次是对比寓于和谐。因为基调是统一的，所以总的效果是和谐的；虽然许多互补色、对比色同处一座建筑中，对比相当强烈，但它们只使和谐的基调更加丰富悦目，而不会干扰或取代基调。最后是艺术表现寓于内容要求。例如宫殿地位最重要，色彩也最强烈；依次为坛庙、陵墓、庙宇，色彩的强烈程度也递减而下；民居最普通，色彩也最简单。

形式美法则 中国古代建筑是一种很成熟的艺术体系，因此也有一整套成熟的形式美法则，其中包括有视觉心理要求的一般法则，也有民族审美心理要求的特殊法则，但迄今尚缺乏全面系统的总结。从现象上看，大体有以下4方面：①对称与均衡。环境和大组群（如宫城、名胜风景等），多为立轴型的多向均衡；一般组群多为镜面型的纵轴对称；园林则两者结合。②序列与节奏。凡是构成序列转换的一般法则，如起承转合，通达屏障，抑扬顿挫，虚实相间等都有所使用。节奏则单座建筑规则划一，群体建筑变化幅度较大。③对比与微差。很重视造型中的对比关系，形、色、质都有对比，但对比寓于统一。同时也很重视造型中的微差变化，如屋顶的曲线，屋身的侧脚、生起，构件端部的砍削，彩画的退晕等，都有符合视觉心理的细微差别。④比例与尺度。模数化的程度很高，形式美的比例关系也很成熟，无论城市构图，组群序列，单体建筑，以至某一构件和花饰，都力图取得整齐统一的比例数字。比

北京明长陵祾恩殿内景

例又与尺度相结合，规定出若干具体的尺寸，保证建筑形式的各部分和谐有致，符合正常的人的审美心理。

类型风格 中国古代建筑类型虽多，但可以归纳为4种基本风格。①庄重严肃的纪念型风格。大多体现在礼制祭祀建筑、陵墓建筑和有特殊含义的宗教建筑中。其特点是群体组合比较简单，主体形象突出，富有象征含义，整个建筑的尺度、造型和含义内容都有一些特殊的规定。例如古代的明堂辟雍、帝王陵墓、大型祭坛和佛教建筑中的金刚宝座、戒坛、大像阁等。②雍容华丽的宫室型风格。多体现在宫殿、府邸、衙署和一般佛道寺观中。其特点是序列组合丰富、主次分明，群体中各个建筑的体量大小搭配恰当，符合人的正常审美尺度；单座建筑造型比例严谨、尺度合宜、装饰华丽。③亲切宜人的住宅型风格。主要体现在一般住宅中，也包括会馆、商店等人们最经常使用的建筑。其特点是序列组合与生活密切结合，尺度宜人而不曲折；建筑风格内敛，造

北京颐和园石舫

型简朴，装修精致。④自由委婉的园林型风格。主要体现在私家园林中，也包括一部分皇家园林和山林寺观。其特点是空间变化丰富，建筑的尺度和形式不拘一格，色调淡雅，装修精致；更主要的是建筑与花木山水相结合，将自然景物融于建筑之中。以上4种风格又常常交错体现在某一组建筑中，如王公府邸和一些寺庙，就同时

包含宫室型、住宅型和园林型3种类型，帝王陵墓则包括纪念型和宫室型两种类型。

地方民族风格　中国地域辽阔，自然条件差别很大，地区间（特别是少数民族聚居地和山区）的封闭性很强，所以各地方、各民族的建筑都有一些特殊的风格，大体上可以归纳为8类：①北方风格。集中在淮河以北至黑龙江以南的广大平原地区。组群方整规则，庭院较大，但尺度合宜；建筑造型起伏不大，屋身低平，屋顶曲线平缓；多用砖瓦，木结构用料较大，装修比较简单。总的风格是开朗大度。②西北风格。集中在黄河以西至甘肃、宁夏的黄土高原地区。院落的封闭性很强，屋身低矮，屋顶坡度低缓，还有相当多的建筑使用平顶。很少使用砖瓦，多用土坯或夯土墙，木装修更简单。这个地区还常有窑洞建筑，除靠崖凿窑外，还有地坑窑、平地发券窑。总的风格是质朴敦厚。但在回族聚居地建有许多清真寺，它们体量高大，屋顶陡峻，装修华丽，色彩浓重，与一般民间建筑有明显的不同。③江南风格。集中在长江中下游的河网地区。组群比较密集，庭院比较狭窄。城镇中大型组群（大住宅、会馆、店铺、寺庙、祠堂等）很多，而且带有楼房；小型建筑（一般住宅、店铺）自由灵活。屋顶坡度陡峻，翼角高翘，装修精致富丽，雕刻彩绘很多。总的风格是秀丽灵巧。④岭南风格。集中在珠江流域山岳丘陵地区。建筑平面比较规整，庭院很小，房屋高大，门窗狭窄，多有封火山墙，屋顶坡度陡峻，翼角起翘更大。城镇村落中建筑密集，封闭性很强。装修、雕刻、彩绘富丽繁复，手法精细。总的风格是轻盈细腻。⑤西南风格。集中在西南山区，有相当一部分是壮、傣、瑶、苗等民族聚居的地区。多利用山坡建房，为下层架空的干栏式建筑。平面和外形相当自由，很少成组群出现。梁柱等结构构件外露，只用板壁或编席作为维护屏障。屋面曲线柔和，拖出很长，出檐深远，上铺木瓦或草秸。不太讲究装饰。总的风格是自由灵活。其中云南南部傣族佛寺空间巨大，装饰富丽，佛塔造型与缅甸类似，民族风格非常鲜明。⑥藏族风格。集中在西藏、青海、甘南、川北等藏族聚居的广大草原山区。牧民多居褐色长方形帐篷。村落居民住碉房，多为2～3层小天井式木结构建筑，外面包砌石墙，墙壁收分很大，上面为平屋顶。石墙上的门窗狭小，窗外刷黑色梯形窗套，顶部檐端加装饰线条，极富表现力。喇嘛寺庙很多，都建在高地上，体量高大，色彩强烈，同样使用厚墙、平顶，重点部位突出少量坡顶。总的风格是坚实厚重。⑦蒙古族风格。集中在蒙古族聚居的草原地区。牧民居住圆形毡包（蒙古包），贵族的大毡包直径可达10余米，内有立柱，装饰华丽。喇嘛庙集中体现了蒙古族建筑的风格，它来源于藏族喇嘛庙原型，又吸收了临近地区回族、汉族建筑艺术手法，既厚重又华丽。⑧维吾尔族风格。集中在新疆维吾尔族居住区。建筑外部完全封闭，全用平屋顶，内部庭院尺度亲切，平面布局自由，并有绿化点缀。房间前有宽敞的外廊，室内外有细致的彩色木雕和石膏花饰。总的风格是外部朴素单调，内部灵活精致。维吾尔族的清真寺和教长陵园是建筑艺术最集中的地方，体量巨大，塔楼高耸，砖雕、木雕、石膏花饰富丽精致。还多用拱券结构，富有曲线韵律。

时代风格 由于中国古代建筑的功能和材料结构长时期变化不大，所以形成不同时代风格的主要因素是审美倾向的差异；同时，由于古代社会各民族、地区间有很强的封闭性，一旦受到外来文化的冲击，或各地区民族间的文化发生了急剧的交融，也会促使艺术风格发生变化。根据这两点，可以将商周以后的建筑艺术分为3种典型的时代风格：①秦汉风格。商周时期已初步形成了中国建筑的某些重要的艺术特征，如方整规则的庭院，纵轴对称的布局，木梁架的结构体系，由屋顶、屋身、基座组成的单体造型，屋顶在立面占的比重很大。但商、周建筑也有地区的、时代的差异。春秋战国时期诸侯割据，各国文化不同，建筑风格也不统一。大体上可归纳为两种风格，即以齐、晋为主的中原北方风格和以楚、吴为主的江淮风格。秦统一全国，将各国文化集中于关中，汉继承秦文化，全国建筑风格趋于统一。代表秦汉风格的主要是都城、宫室、陵墓和礼制建筑。其特点是，都城区划规则，居住里坊和市场以高墙封闭；宫殿、陵墓都是很大的建筑组群，其主体为高大的团块状的台榭式建筑；重要的单体多为十字轴线对称的纪念型风格，尺度巨大，形象突出；屋顶很大，曲线不显著，但檐端已有了"反宇"；雕刻色彩装饰很多，题材诡谲，造型夸张，色调浓重；重要建筑追求象征含义，

河北避暑山庄"芝径云堤"

虽然多有迷信内容，但都能为人所理解。秦汉建筑奠定了中国建筑的理性主义基础，伦理内容明确，布局铺陈舒展，构图整齐规则，同时表现出质朴、刚健、清晰、浓重的艺术风格。②隋唐风格。魏晋南北朝是中国建筑风格发生重大转变的阶段。中原士族南下，北方少数民族进入中原，随着民族的大融合，深厚的中原文化传入南方，同时也影响了北方和西北。佛教在南北朝时期得到空前发展。随之输入的佛教文化，几乎对所有传统的文学艺术产生了重大影响，增加了传统艺术的门类和表现手段，也改变了原有的风格。同时，文人士大夫退隐山林的生活情趣和田园风景诗的出现，以及对江南秀美风景地的开发，正式形成了中国园林的美学思想和基本风格，由此也产生出浪漫主义的情调。隋唐时期国内民族大统一，又与西域交往频繁，更促进了多民族间的文化艺术交流。秦汉以来传统的理性精神中糅入了佛教的和西域的异国风味，以及南北朝以来的浪漫情调，终于形成了理性与浪漫相交织的盛唐风格。其特点是，都城气派宏伟，方整规则；宫殿、坛庙等大组群序列恢阔舒展，空间尺度很大；建筑造型浑厚，轮廓参差，装饰华丽；佛寺、佛塔、石窟寺的规模、形式、色调异常丰富多彩，表现出中外文化密切交会的新鲜风格。③明清风格。五代至两宋，中国封建社会的城市商品经济有了巨大发展，城市生活内容和人的审美倾向也发生了很显著的变化，随之也改变了艺术的风格。五代十国和宋辽金元时期，国内各民族、各地区之间的文化艺术再一次得到交流融会；元代对西藏、蒙古地区的开发，以及对阿拉伯文化的吸收，又给传统文化增添了新鲜血液。明代继元又一次统一全国，清代最后形成了统一的多民族国家。中国建筑终于在清朝盛期（18世纪）形成最后一种成熟的风格。其特点是，城市仍然规格方整，但城内封闭的里坊和市场变为开敞的街巷，商店临街，街市面貌生动活泼；城市中或近郊多有风景胜地，公共游览活动场所增多；重要的建筑完全定型化、规格化，但群体序列形式很多，手法很丰富；民间建筑、少数民族地区建筑的质量和艺术水平普遍提高，形成了各地区、各民族多种风格；私家和皇家园林大量出现，造园艺术空前繁荣，造园手法最后成熟。总之，盛清建筑继承了前代的理性精神和浪漫情调，按照建筑艺术特有的规律，终于最后形成了中国建筑艺术成熟的典型风格——雍容大度，严谨典丽，机理清晰，而又富于人情趣味。

秦汉、隋唐、明清3个时期相距时间基本相等，它们是国家大统一、民族大融合的3个时代，也是封建社会前、中、后3期的代表王朝。作为正面地、综合地反映生活的建筑艺术，这3种时代风格所包含的内容，显然远远超出了单纯的艺术范围；建筑艺术风格的典型意义和功能反映，显然也远远超过了建筑艺术本身。

中国宫殿

中国古代帝王所居的大型建筑组群，是中国古代最重要的建筑类型。在中国长期的封建社会中，以皇权为中心的中央集权制得到充分发展，宫殿是封建思想意识最集中的体现，在很多方面代表了传统建筑艺术的最高水平。

河南偃师二里头商代早期宫殿遗址是现知最早的宫殿，以廊庑围成院落，前沿建宽大院门，轴线后端为殿堂。殿内划分出开敞的前堂和封闭的后室，屋顶可能是四阿重屋（即庑殿重檐）。整个院落建筑在夯土地基上。以后，院落组合和前堂后室（对于宫殿又可称为前朝后寝）成了长期延续的宫殿布局方式。

河南郑州、湖北黄陂盘龙城和河南安阳殷墟有商代中期和晚期宫殿遗址。盘龙城的朝、寝已可能分别设置在前后相续的2座建筑中，陕西岐山西周宫殿遗址，是一座完整的两进四合院，沿中轴线设置了屏（照壁）、门屋、前堂和后室，左右廊庑围合。据记载，东周的宫殿布局是在宫外立双阙，有5重大门及外朝、治朝和内朝3座大殿。战国时期高台建筑盛行，燕国下都和赵国邯郸都是在中轴线上串联的一些高台上建筑宫殿。秦国宫殿在陕西咸阳北部高原的南沿，1号宫殿遗址居中，依

沈阳故宫鸟瞰

塬作基筑台，台上构屋，经复原是二元式的阙形。秦始皇还在咸阳仿建六国宫殿，又在渭河以南建阿房宫，规模十分巨大。西汉长安主要有未央、长乐、建章诸宫，以未央宫为朝会宫殿，诸宫各有宫墙，主要宫门处建双

阙，中轴一线布局规整对称，其他地方比较自由地布置园林池沼和次要建筑，它们的规模都很宏大。汉魏洛阳故城城内有南北两宫。秦汉的离宫苑囿也很多，是中国宫殿建设的第1次高潮。曹魏邺城宫殿集中在城内北部，朝会正宫居中，东为寝居的东宫，西为铜雀苑。但当时一般宫殿布局多取南北纵深的方式，大致是在宫城内设前朝、后寝，宫城北常有苑囿。如南朝建康（今江苏南京）、魏晋和北魏洛阳都是这样。这个时期宫内的朝会部分还流行过3座大殿呈品字形布局的方式。唐长安有3座宫殿，即西内、东内和南内。西内以太极宫为朝会大宫，以凹字形平面的宫阙为正门（承天门），内有太极殿，两仪殿两重殿庭，即唐代的大朝、常朝和日朝，相当于周制的天子三朝。两仪殿以后还有甘露殿院庭。中轴线左右各有对称布置的一串院庭，安置宫内衙署，形成一片井然有序的大面积组群。此外，宫内还有其他殿亭馆阁共36所。太极宫东连东宫，西连掖庭宫，分居太子和后妃。东内即大明宫，在长安城外东北，大部面积已经发掘或探明。朝会部分与太极宫相似，在丹凤门内顺置含元、宣政和紫宸3座大殿为三朝，左右也各一路。含元殿及左右两阁合成凹字形平面宫阙，气势辉煌。大明宫后面是太液池园林区，沿湖有许多游观建筑，其中有的是楼阁，规模极大，它和含元殿都是中国古代建筑盛期建筑艺术最高水平的代表。南内兴庆宫较小，是离宫，宫内有占地甚大的湖面。唐东都洛阳宫殿也是在凹字形平面宫阙的后面布置两组殿庭，合成三朝，左右也各有一路。武则天时在这里建筑两座高楼代替原来的两组殿庭，前为明堂，下方上圆共3层，后为天堂5层，规模空前。隋唐时期在两京之间及其他地方还建造了许多离宫，形成了中国宫殿建设的第2次高潮。北宋汴梁（今

沈阳故宫大政殿与十王亭

河南省开封市）和南宋临安（今浙江省杭州市）宫殿都是就旧时州衙改建，规模气势已大不如唐。但汴梁由内城正门到宫前正门之间所建的丁字形宫前广场则是北宋的卓越创造。在凹字形宫阙宣德门内前后建大庆、紫宸两组殿庭，也是三朝串联，左右也各一路。寝宫则在此区以外。在常朝、日朝之间隔以通向宫城东西门的横街。此外，宋宫各殿还常采用工字形平面，这些对金元直至明清的宫殿都有很大影响。金中都宫殿大都仿自汴梁，据载宫内正中为皇帝正殿，后为皇后正位，仍是前朝后寝的概念。元大都宫殿仿自金中都，也是前朝后寝。元代后期可能在后寝以北至宫城北门之间建造了御花园。元大都的宫前广场自宫城正门穿过皇城正门直达都城正门，串联两座广场，其丁字形广场移至皇城以外，加强了气势。明北京宫城称紫禁城，都城南墙和宫城南墙都在元大都的基础上南移，但前者南移较多，所以加长了宫前的长度，在宫城正门午门和皇城正门承天门之间增加1座端门，宫前广场串联为三，气势更大。宫内布局为前朝三大殿、后寝三大宫和御花园，朝寝均各由3殿组成，都坐落在工字形石台上，仍存有宋金工字殿的遗意。宫城横轴前移至前朝之前，使中轴线上的气势更为贯通。中轴左右前部是文华、武英两殿，后部是东西六宫和外六宫，它们是中轴的衬托。宫城以北的景山也是明代的创造，清代乾隆时在山上建五亭，恰当地起到收束轴线的作用。明宫为清代所沿用，同时又在北京和承德建造了许多离宫。明末时清朝的前身后金政权在沈阳建造过一组宫殿，具有地方和女真族的特色。除清代的离宫以外，北京和沈阳宫殿是现仅存的两组宫殿。明清时期是中国宫殿建设的第3次高潮。

中国宫殿传承有序，各代都有所损益。其总的设计思想都在于强调秩序和逻辑，以渲染皇权意识，具有鲜明的民族和时代特色。

岐山西周宫殿

中国西周宫殿遗址。位于陕西省岐山县凤雏村。始建时代可能在武王灭商以前，即公元前11世纪以前，西周沿用。

全部建筑由两进四合院组成，全体坐落在东西32.5米、南北45.5米的夯土基地上，沿中轴线自南而北布置了广场、照壁、门道及其左右的塾、前院、向南敞开的堂、南北向的中廊和分为数间的室（又曰寝）。中廊左右各有一个小院，室的左右各设后门。三列房屋的东、西各有南北的分间厢房，其南端突出塾外，在堂的前后，东西厢和室的向内一面有回廊可以走通，整体平面呈日字形。

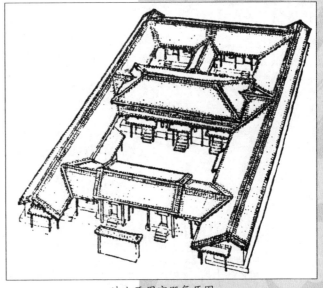

岐山西周宫殿复原图

岐山宫殿是中国已知最早最完整的四合院，已有相当成熟的布局水平。堂是构图主体，最大进深达6米，堂前院落也最大，其他房屋进深一般只达到它的一半或稍多，院落也小，室内和院落一般都有合宜的平面关系和比例。室内外空间通过回廊作为过渡联系起来。各空间和体量有较成熟的大小、虚实、开敞与封闭及方位的对比关系。

四合院规整对称，中轴线上的主体建筑具有统率全局的作用，使全体具有明显的有机整体性，体现出庄重严谨的性格。院落又给人以安定平和的感受。这种布局可以把不大的木结构建筑单体组合成大小不同的群体，是中国古代建筑最重要的群体构图方式，得到长久的继承。

咸阳1号宫殿

中国战国时期秦国和秦代都城咸阳的一处宫殿。考古编号定为1号，遗址位于陕西省咸阳市东北渭河北岸。

1号宫殿位于咸阳北部宫殿群中部，是一座高台建筑，在北塬台地南缘，依塬为基再修整夯筑成台，台上和台侧建木构建筑。遗址东西横长，正中被南北沟地穿过，现只发掘了西部，东部经铲探与西部对称，整体平面应呈向北的凹字形，东西全长可达130余米。西部曲尺形台体两层，据复原研究，下层台外，周绕围廊，廊内

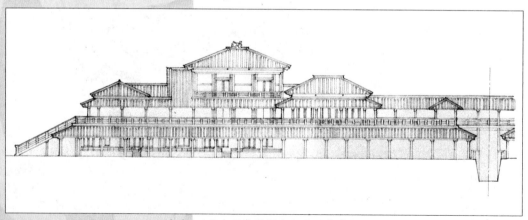

秦咸阳1号宫殿复原图南立面（左半）

台上西南角和北部都有东西向数室，前者为1层，平顶；后者为2层，上层为敞厅。上层台中央主室突起为2层，方形略横长，可能覆四坡顶。主室西有坡道通向上层。主室东为敞厅与北部敞厅相接，东南有一横长小室，南即下层的平顶，坡道之西有数间小室依南向北排列。全部外观呈3层，最高点可达17米余。东西二部整体为中低边高的二元对称构图。

高台建筑是战国、秦和西汉盛行的方式。在还未掌握楼阁建筑技术以前，依倚夯土台体建殿，可以造成巨大体量效果，增强视觉印象。1号宫殿主室最高、最大，是统率全局的构图主体，簇拥着的较小建筑以为陪衬，并用包围全体的周廊围束在一起。它运用二元构图形式，并有效地利用了地形，居高临下，体形突出，表现出较高的建筑造型能力。

大明宫

中国唐代长安城三座宫城之一。位于陕西省西安市城北龙首原上。曾名永安宫、蓬莱宫，又称东内。规模大于太极宫和兴庆宫。创建于太宗贞观八年（634），高宗时又进行大规模营建。自龙朔三年（663）起，成为皇帝主要居住和听政之所。唐末毁于战火。从1957年起对大明宫遗址进行勘察和发掘，已较清楚地了解了此宫的形制和布局。1961年被国务院公布为全国重点文物保护单位。

大明宫的平面，南部呈长方形，北部因地形缘故而呈梯形。南宫墙借用长安城外郭城北墙的一部分，长1674米，西宫墙长2256米，总面积约3.2平方千米。宫墙除城门附近和拐角处于表层砌砖外，余皆为板筑夯土墙。北、东、西宫墙外侧有夹城，为唐后期增筑。宫南部有两道东西向的宫墙，防卫严密。宫城四面设门，南墙正门为丹凤门，北墙正门为玄武门，两门之间的连线为宫城中轴线。宫南部为政务区，有含元殿、宣政殿和紫宸殿三大殿沿中轴线自南向北排列。三大殿以北是以太液池为中心的宫廷园林居住区。

含元殿　此殿为大明宫主殿，是皇帝举行外朝大典的场所。于高宗龙朔二年（662）开始营建，翌年建成，为中国古代最著名的宫殿建筑之一。位于龙首原南沿之上，由殿堂、两阁、飞廊、大台、殿前广场和龙尾道等组成。整个建筑群主次分明、层次丰富。殿堂为主建筑，位于三层大台上，居中心最高处，高出殿前广场10余米。主殿台基东西长76.8米，南北宽43米；殿堂面阔11间，四周有围廊。殿堂东南、西南分建两阁，东阁名翔鸾阁，西阁名栖凤阁，高程大致与殿堂相同，有飞廊与殿堂相连。大台之南为殿前广场。殿堂前面有自广场逐层登台的阶道，称龙尾道。从出土的砖瓦来看，含元殿屋顶用黑色陶瓦，以绿琉璃瓦剪边。整个大殿十分威严壮观。含元殿之北，穿过宣政门即皇帝进行常朝的宣政殿。宣政殿之北，穿过紫宸门为紫宸殿，皇帝在此召见宰相臣子议论朝事，被称为内朝。

麟德殿　位于太液池之西，是皇帝举行宴会和接见外国使节的便殿。台基南北长130米、东西宽80余米，上有前、中、后毗连的

大明宫含元殿遗址

三殿。中殿左右又各建东亭、西亭，后殿左右分建郁仪楼、结邻楼。殿周围绕以回廊，整个建筑面积达12300多平方米，规模十分宏伟。

三清殿 位于大明宫西北隅青霄门内偏东处，是宫内奉祀道教的建筑之一。老子李耳被认为是李唐王朝的先祖，故唐朝皇帝多崇信道教，于宫城内修建奉祀道教的建筑。此殿的台基北高南低、北宽南窄，平面呈凸字形。南北长78.6米，东西宽47.6（南部）～53.1米

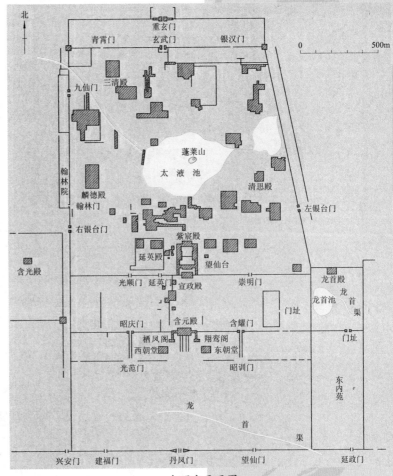

大明宫平面图

（北部），面积4000多平方米。高台为夯筑，周围砌砖壁，底部铺基石两层，基石和砖壁向上内收，呈11°角的斜面。从出土的朱绘白灰墙皮可知，上面有殿堂或楼阁建筑。

太液池 又名蓬莱池，位于宫城北部中央，龙首原北坡下，分西池和东池两部分。西池为主池，面积较大，平面椭圆形，东西最长484米、南北最宽310米；东池面积较小，平面略呈圆形，南北长220米、东西宽约

150米。西池中央有蓬莱岛。据考古发掘可知，池岸经过夯筑，池岸底部有保护堤岸的木桩。太液池周围有水渠、廊子、道路、叠石等。

丹凤门　又名明凤门，是唐大明宫的正南门，也是皇帝在东内举行登基、改元、宣布大赦等外朝大典的场所。丹凤门北面正对大明宫主殿含元殿，两者之间相隔600余米。发掘结果表明，丹凤门为城门中最高等级的五门道制。墩台东西长75米、南北宽33米。5个门道东西均宽9米、隔墙宽3米。门道的两侧、隔墙下端有南北向排列的长方形排叉柱坑，其中4个柱坑中尚保存有未移动的石础。城门墩台的东、西两侧为宽9米的城墙，城墙的北侧设有宽3.5米、长54米的马道。在门道地面、隔墙上多发现有火烧的痕迹，在门道的堆积中还出土了许多烧流的砖瓦结块。这些现象表明，丹凤门当毁于唐晚期的一场大火。

大明宫遗址内出土有砖瓦、鸱尾、石螭首、琉璃瓦等建筑构件，及"官"字款白瓷、鎏金铜饰等珍贵文物。此宫是唐长安城最重要的宫城，地下遗迹保存得较好。1994年，联合国教科文组织、中国、日本三方合作启动了大明宫含元殿遗址保护工程。

金中都宫殿

中国金代主要都城中都的宫殿。故址位于今北京市西南。金天德四年（1152）建于辽南京宫殿故址上，毁于1215年蒙金战争。

宫城在皇城后部，位当中都中心，正门（应天门）是凹字形平面宫阙，门内沿中轴线自南而北过大安门为大安殿、仁政殿两组殿庭，其间隔以横向过院，由此横院向东向西可能有横街通向宫城的东、西门。金朝宫殿仍按前朝后寝规制布局，大安殿是前朝主殿，仁政殿则是后寝主殿。两殿可能都是工字形平面，由两殿的前殿通过中廊连接后殿，后殿可能是楼阁。在大安殿东、西和仁政殿之东还有其他宫院，仁政殿西为蓬莱阁等楼台池沼。

宫前广场平面呈丁字形，自皇城正门（宣阳门）起，向北过鸭子桥分为3条大道，中为御道，两旁隔水沟和岸柳为左右道。大道东西为长廊。长廊南起鸭子桥北的文、武两楼，向北伸延，东西各立3门通衙署和太庙，至应天门前向东、西转折过宫城的左、右掖门止。文、武楼和桥提示了广场的起点，纵向广场有很强的指向性，低平的长廊是高大宫阙的陪衬，广场北端转为横向也加强了宫阙的气势。

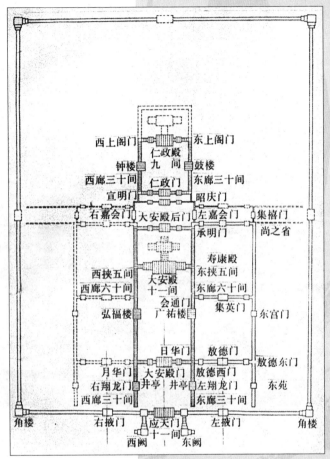

金中都宫城平面示意图

中都建造前曾派画工到汴梁摹写北宋宫殿，所以中都宫殿与汴梁宫殿十分相似而又规整过之，如大安、仁政两殿同处中轴线上就纠正了宋宫后部的殿庭稍偏向西的缺点。中都宫殿包括其宫前广场对于元大都宫殿有直接影响并及于明清北京宫殿。

北京紫禁城

中国现存规模最大、保存最好的古建筑群。在明清北京城内中部。从明永乐十九年（1421），直至清末（1911），是明清两朝的皇宫。古代皇宫是禁地，又有紫微垣为天帝所居的神话，故称宫城为紫禁城。1925年在此建故宫博物院后，通称故宫。1961年被国务院公布为全国重点文物保护单位。1987年被联合国教科文组织列入《世界遗产名录》。

紫禁城所在位置是元大都宫殿的前部。明太祖时拆毁元宫。明成祖朱棣登位后，于永乐四年（1406）决定筹建北京宫殿。永乐五年开始征调工匠预制构件，永乐十五年正式开工，十八年建成宫殿、坛庙，十九年自南京迁都北京。主持筹建的匠师有蔡信、陆祥、杨青

北京紫禁城鸟瞰

等。正式开工后，工程由蒯祥主持。

布局 紫禁城采取严格对称的院落式布局，按使用功能分区，依用途和重要程度有等差、有节奏地安排建筑群的体量和空间形式，代表中国古代建筑组群布局的最高水平。

宫城 紫禁城城墙高10米，南北长961米，东西宽753米，外有宽52米的护城河。城每面开一门，四角建角楼。南面正门称午门，建在凹字形墩台上，正面下开三门洞，两翼突出部近内转角处各开一门洞。台上正中建重檐庑殿顶的门楼。左右转角和两翼南端各建一重檐攒尖顶方亭，其间连以宽阔的廊庑。午门前突出二亭是由

古代宫门前建阙的制度演变来的，也是这种制度的唯一遗例。紫禁城东门和西门称东华门和西华门；北门称玄武门，清代改称神武门；上面都建重檐庑殿顶门楼。

紫禁城内有一条南北中轴线，自午门至玄武门，同北京城中轴线重合。建筑按使用性质分外朝、内廷两区，按中轴对称地布置若干大小院落。

外朝　外朝在前部，是颁布大政、举行集会和仪式以及办事的行政区，主要由中轴线上的前三殿及其东西侧对称布置的文华殿、武英殿三组建筑群组成。在其东南、西南还有内阁公署、国史馆等。

前三殿在午门内，由门、廊庑、配楼、角库围成矩形大院落，南面开有三门，正门是面阔九间重檐歇山顶的太和门，与午门之间形成一横长矩形广场，东西两面有通文华、武英二殿和东华门、西华门的照和、协和二门。广场内有内金水河横过，同自天安门至午门的纵长广场形成对比。太和门内殿庭中建"工"字形的台基，和前面高三层的月台共同形成一个"土"字形石台基座，周以汉白玉石栏。台上自南而北依次建太和、中和、保和三殿。太和殿面阔十一间，殿内面积2370多平方米，重檐庑殿屋顶，前有宽阔月台，下临广大殿庭，供元旦、冬至大朝会和其他大典使用，是外朝主殿，也是全国现存最大的单体古建筑。中和殿在"工"字形台基的中部，为面阔五间单檐攒尖顶方殿，供在太和殿行礼时皇帝休息之用。保和殿面阔九间，重檐歇山顶，是举行殿试和宴会外宾之处。太和殿前面两侧有体仁、弘义二阁，是面阔九间加腰檐的二层庑殿顶楼阁。前三殿一组占地面积达85000平方米，是现存最大的殿庭。

文华殿、武英殿两组建筑物都是由门、配殿、廊庑组成的矩形院落，内建面阔五间单檐歇山顶的前殿和后

殿，其中武英殿是工字殿。文华殿是皇帝听大臣讲书的地方，武英殿是皇帝斋居和召见大臣之所在。

内廷 前三殿后为内廷主要部分，包括后三宫、东西六宫、乾东西五所。在前三殿和内廷之间有一东西横长的广场。广场东西是景运、隆宗两座侧门，北面为通入内廷的乾清门和内左门、内右门。内廷是皇帝及其家庭的居住区，主要分三路。中路即中轴线上的后三宫。正门是面阔五间单檐歇山顶的乾清门，它连接东、西、北三面的门、庑，围成纵长院落。殿庭正中也建"土"字形石台基座，前端凸出月台，以后依次建乾清宫、交泰殿和坤宁宫。乾清宫和坤宁宫均面阔九间，重檐庑殿顶，是内廷的正殿、正寝，帝、后正式的起居场所。交泰殿为面阔三间单檐攒尖顶的方殿。坤宁宫后的坤宁门通御花园。后三宫一组形制和前三殿基本相同，但占地面积只有后者的四分之一。后三宫东西两侧各有两条南北向巷道。每巷自南至北各建三宫，东西各六宫，宫间隔以东西向巷道。每座宫都是一独立单元，外围高墙，正面建琉璃砖门；门内前为殿，后为室，各有配殿；后室两侧有耳房，形成二进院落。东西六宫是妃嫔的住所，其东西外侧原尚有内库房。东西六宫之北，隔一东西向巷道，各建五所并排的院落，每院内各建前后三重殿堂，各有厢房，形成三进院落，是皇子住所。东西六宫和乾东、西五所规整对称地布置于后三宫左右，即为内廷的东西路。

东六宫之南有弘孝、神霄二殿，西六宫之南有养心殿，遥相对应。

乾清门东侧景运门外有奉先殿，前后二殿均九间，是宫内的太庙。其东有南北巷道，道东有外东裕库和啰鸾宫、喈凤宫等，是前朝妃嫔养老处。乾清门西侧隆宗

景山俯瞰紫禁城神武门

门外有慈宁宫等，是皇太后住地。内廷后三宫以北是占地11200平方米的御花园。园内亭榭对称布置，正中为供真武大帝的钦安殿。前三殿、后三宫在明代屡遭烧毁。现中和殿、保和殿是明万历四十三年（1615）工匠冯巧主持重建，又经明天启五至七年（1625～1627）大修的，殿中童柱上尚有明人墨书中极殿、建极殿等明代殿名。

　　改建　明代太和殿面阔九间，进深五间，合"九五之数"；四周有一圈深半间的回廊。清康熙初期先由冯巧弟子梁九把山墙推到山面下檐柱，使建筑外观呈十一间状；后又经康熙三十四年（1695）重建。清代接受明代教训，把太和、保和二殿两侧斜廊，改为砖墙，又在东西庑加砖砌防火隔墙，防止火势沿廊庑蔓延。

　　清代较重要的改建和增建在外朝有在文华殿后建贮《四库全书》的文渊阁，在仁智殿处建内务府等；在内廷东路改弘孝、神霄二殿为斋宫、毓庆宫，西路改乾西二所为重华宫、漱芳斋，拆乾西四、五所建造建福宫和花园，建雨花阁和内右门前军机处值房；改奉先殿为皇帝家庙，在东华门内建南三所等。清末慈禧太后又把西

紫禁城太和殿

路长春、储秀二宫连成四进庭院。清代最重要的增建是乾隆三十七年（1772）在东侧原哕鸾宫一带建供乾隆退位做太上皇时住的宁寿宫。宁寿宫四面高墙环绕，自为一区。宫中分前后两部，中隔横街，如外朝、内廷的区分。前部为宁寿门、皇极殿、宁寿宫一组，全仿乾清门、乾清宫和坤宁宫的形制，仅占地稍小。后部分三路。中路是养性门、养性殿、乐寿堂一组，前后五重。养性殿全仿养心殿形制，乐寿堂外观一层，内部二层，装修豪华。西路俗称乾隆花园，景物繁密，略具江南风格，唯布局稍促。东路前为戏楼畅音阁和观戏殿阅是楼，后有五重殿宇。宁寿宫是清乾隆盛期宫殿的代表作，室内装修富丽。

建筑艺术成就 紫禁城的基本布局是明代的，现存明代建筑尚有百余座。除中和殿与保和殿外，钦安殿、南薰殿、咸若馆、神武门、角楼都是明代建筑，东西六宫主要部分是明代建筑，唯装修经过清代改动。

故宫的总体设计多比附古制，如在午门前建端门、天安门、大明门（即中华门，已拆除），使太和殿前有五重门以象"五门"之制，以前三殿象"三朝"之制等。

《清宫史续编》又称内廷部分的乾清、坤宁二宫象征天地，以乾清宫东西庑日精门、月华门象征日月，以东西六宫象征十二辰，以乾东西五所象征天干等。可见宫殿建筑，除具体的使用功能外，更重要的是以建筑形象表现封建皇权至高无上的地位。

在建筑群组布置上，紫禁城强调中轴线，在中轴线上布置外朝、内廷最主要的建筑前三殿和后三宫。其余东西六宫、乾东西五所对称布置在左右，拱卫中轴线上建筑。它也利用院落的大小、殿庭的广狭来区分主次。前三殿是全宫最大建筑群，占地面积为宫城的百分之十二，后三宫面积为前三殿的四分之一。其余宫殿，包括太上皇、皇太后的宫殿，又小于后三宫，以突出前三殿、后三宫的主要地位。

在建筑形体上，主要是通过间数多少和屋顶形式来区分主次，间数以十一间为最，屋顶等级依次为庑殿、歇山、悬山、硬山；最重要者加重檐。宫中最重要的正门午门、正殿太和殿和乾清宫、坤宁宫等都用重檐庑殿顶，间数为十一间或九间，属最高等级；其他群组依次递降。同一群组中，配殿、殿门比正殿降一等。通过这些手法，把宫中大量的院落组成一个轴线突出、主从分明、统一和谐的整体，把君臣、父子、夫妇等封建伦常关系，通过建筑空间形象体现出来。而大小规模不同的院落和建筑外形的差异又造成多种多样的空间形式，使在总体的统一和谐中又富于变化。紫禁城宫殿是最能体现中国古代建筑中院落式布局的特点和艺术表现力的例子。

中国礼制坛庙

中国古代礼仪性的祭祀建筑。主体建筑是坛（露天的砖石台）和庙（殿宇），此外，还有安放神主（牌位）的享殿，斋戒的寝殿（斋宫）或更衣的具服殿，雨雪日拜祭的拜殿，储放祭器、祭品的神橱、神库，屠宰牺牲物的牺牲所或宰牲亭，以及门殿、配殿、井亭等附属建筑。祭祀礼仪是中国奴隶制和封建制王朝的重要政治制度，祭祀的对象有等级，礼仪也有差别，分为大祀、中祀、小祀3等。每一等级祀礼的祭品、仪仗、舞乐和建筑形式，都有严格细致的规定。

山西晋祠圣母殿

种类 原始社会已有祭祀活动，《史记》记载，黄帝轩辕氏多次封土为坛，祭祀鬼神山川，称为"封禅"，应是坛的开始。西安半坡村的新石器文化遗存中发现了正方形的"大房子"基址，从遗址准确的南北方位、整齐的柱网排列和巨大的空间推测，应当是部落集会和祭祀的场所，即庙的开始。商周非常重视祭祀，祭礼是周礼的主要部分。《考工记》记载，夏有世室，商有重屋，周有明堂，都是礼制祭祀建筑。秦时称"畤"，它可能是坛，也可能是庙，还可能是坛（高台）上建殿的坛庙混合建筑。汉代坛庙分开，也开始确立祭祀的礼仪等级。以后各代坛庙数量日益增多，制度日益完善，从礼制内容上祭祀性建筑可分为5大类：①明堂辟雍，是商周时期最高等级的礼制建筑，也是象征王权的纪念建筑，天子在明堂中朝见诸侯，颁布政令，宣讲礼法，也祭祀祖先和天地。汉代明堂是十字轴对称的坛庙混合形式，周围环绕圆形水渠，称为辟雍。东汉以后各类礼制建筑基本完备，明堂辟雍的祭祀功能减弱，成为王权代表的象征性建筑，宋以后即不再建造。②宗庙，是祭祀祖先的庙宇。皇帝的宗庙称太庙，王公贵族官吏都有各自的祖庙，庶人只能在家中设祭。宗庙的等级限制很严，如《礼记·王制》规定，天子七庙，诸侯五庙，大夫三庙，士一庙。历代对各种人的宗庙建筑规格都有详细的规定。③坛，又称丘，是祭祀各类神灵的台座。祭祀的种类有天、地、日、月、星辰、土地、农神、谷神、蚕神、山川、水旱、灾戾等。京师有全套祭坛，除天地日月外，府、州、县也有相应的一套。④祠庙，是列入朝廷礼制的祭祀庙宇。其中一类是祭祀朝廷表彰的历史人物，如北京历代帝王庙、山东邹县孟轲庙、山西解州关帝庙、四川成都武侯祠、山西太原邑姜祠（晋祠）等。由于儒学是封建礼制的理论基础，孔子在封建社会有特殊地位，所以孔庙在祠庙中规格最高。孔庙又称文庙，京师以外，各府、州、县也都建造地方性文庙。另一类是祭祀著名的山川，秦汉已专门祭祀泰山，以后固定五岳、五镇、四渎、四海为朝廷设祭。泰山在五岳中居于首位，所以东岳庙（岱庙）的规格也最高。⑤杂祀庙，是在城市和乡村中祭祀与人民生活有密切关系的神灵的小祠庙，一部分列入朝廷小祀等级，大部分只是民间祭祀，如城隍、土地、火神、马王、龙王、旗纛、后土、天妃、高禖等。这类祠庙的形式比较自由，有些是风景名胜所

山东东岳庙

39

在，有些是集市场所。

艺术特征　除了民间杂祀以外，坛庙建筑的艺术形式都是以满足精神功能为主，要求充分体现出祭祀对象的崇高伟大，祭祀礼仪的严肃神圣。坛庙建筑的美学特征是：将丰富的艺术形式与严肃的礼制内容密切结合起来，通过感性的审美感受启示出对当代政治典章和伦理观念的理性皈依。为此，坛庙建筑艺术的主要特征是：①加深环境层次。坛庙占地很大，但建筑相对较少。主体建筑布置在中心部分，外面有多层围墙，并满植松柏树。人们在到达主体以前，必须通过若干门、墙、甬道，周围又是茂密的树木，这就加深了环境的层次，加强了严肃神圣的气氛。②组织空间序列。建筑依纵轴线布置，在轴线上安排若干空间，主体建筑前面至少有两三个空间作前导，到主体时空间突然放大，最后又以小空间结束，使得多层次的环境更富有序列性、节奏感。③突出主体形象。主体如是殿宇，它的体量、形式、色彩等级别很高，明显地与众不同；如是祭坛，则重点处理周围环境的陪衬，使它的形象引人注目。④显示等级规格。坛庙是体现王朝礼制典章的重要场所，不但每一类每一等坛庙要按照制度建造，而且一组之内每个建筑的体量、形式、装饰、色彩、用料也必须符合等级规矩。这种主次分明的艺术形象，不但显示出礼仪制度的严肃性，也符合统一和谐的美学法则。⑤运用象征手法。为了启示人们对祭祀对象的理性认识，增加它们的神圣性，坛庙建筑中常用形和数来象征某种政治的和伦理的含义。如明堂，上圆象征天，下方象征地，设五色象征五方、五行、五材等。明堂外环水呈圆形，象征帝王的礼器璧，又象征皇道运行周回不绝。孔庙也是官学，是教化礼仪的中心，京师孔庙即太学，设辟雍象征教化圆满无缺，地方孔庙前设半圆形水池，名泮池，象征它们只是辟雍的一半，地方不能脱离朝廷独立存在。天坛以圆形、蓝色象征天，社稷坛以五色土象征天下一统。天为阳，天坛建筑中都含有阳（奇）数；地为阴，地坛建筑中都含有阴（偶）数。某些建筑的梁柱、间架、基座等构件的数目、尺寸，也常和天文地理、伦理道德取得对应。这类手法增大了审美活动中的认识因素，也有助于加强建筑总体的和谐性和有机性。

明堂辟雍

中国古代最高等级的皇家礼制建筑之一。据古代一些经学家的解释，明堂和辟雍"异名同实"，又据各代修建明堂的文献记载和西汉末年长安明堂的遗址，可以肯定"明堂辟雍"是一座建筑两种含义的名称。明堂是古代帝王颁布政令，接受朝觐和祭祀天地诸神以及祖先的场所。辟雍即明堂外面环绕的圆形水沟，环水为雍（意为圆满无缺），圆形象辟（辟即璧，皇帝专用的玉制礼器），象征王道教化圆满不绝。

源流和发展 成书于春秋时代的《考工记》记载，夏有世室，商有重屋，周有明堂，它们的基本形式都是在土台上建屋，平面呈井字形构图，相邻为九，间隔为五，但至今尚未发现这时期的明堂遗址。不过作为一种祭祀性建筑，它应当起源于原始氏族社会

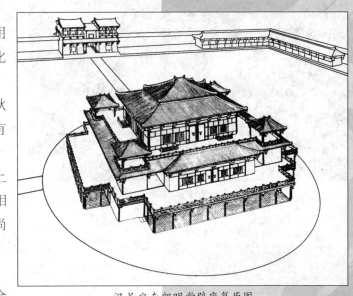

汉长安南郊明堂辟雍复原图

中。考古发现的西安半坡村新石器时代的"大房子"遗址，方位正南北，方形，内有4根对称的柱子，柱子连线可划分成井字形构图。"大房子"面积很大，室内约120平方米，显然是氏族成员集会的场所。在以农业生产为主，又以血缘关系为社会纽带的原始社会后期，氏族成员集会的一项主要活动就是祭祀与农业有关的神祇和自己的祖先。所以"大房子"可能就是明堂的最初形态。进入奴隶制社会以后，祭祀已成为一种礼仪，"大房子"也变成了有象征意义的礼制建筑。井字形构图符合数和形的和谐性与对称性，很便于体现祭祀、礼制内容的严肃性和神秘性，于是在"大房子"的构图基础上演变成《考工记》叙述的夏、商、西周明堂形式。但其中的"夏后氏世室"，建筑尺度大大超过商和西周，而与汉代明堂接近，同时它的设计构图已很成熟，构造技术先进，可能是当时托名夏朝的一个理想设计方案。明堂在周朝是作为天子接见诸侯王公的场所，有实用功能，同时也有体现周礼的象征作用。周礼是儒学推崇的最高典章，兴建明堂则是朝廷的重大盛举，汉以后的明堂形制也就成为经学家考证的重要课题。秦和西汉初年不重视儒学，没有兴建明堂。汉武帝独尊儒术，于元封二年（前109）

北京国子监牌楼

在泰山建造了中国封建社会的第1座明堂，据《史记》记载，它的形式是："中有一殿，四面无壁，以茅盖。通水，水圜宫垣。为复道，上有楼。"估计这是一个对称的台榭式建筑。西汉末年王莽标榜恢复周礼，于元始四年（4）在长安（今西安市）南郊由大经学家刘歆设计了明堂辟雍。这座建筑的遗址已于1957年发掘出来，很明显地带有《考工记》明堂构图形式的遗意，是一座台榭式的建筑。但直到西汉末年，经学家对明堂只有简单的形式描述，如上圆下方，分为九室十二堂，一室四门八窗等，而没有关于象征含义的解释。到东汉中元元年（56）在洛阳（北魏）新建明堂，才有了很明确的象征含义，它的形式仍是继承《考工记》以来的井字形构图的台榭式。两晋和南朝也建明堂，但完全舍弃了十字对称、井字分隔的台榭式形式，而改为一般的木结构殿宇。只有北魏太和十五年（491）在平城（今山西省大同市）造明堂，还继承汉明堂的形式。隋朝统一全国，几次议建明堂，著名建筑家宇文恺经过考证进行设计，还制作了模型；唐太宗、高宗又议造明堂，经过经学家们更详细的考证，终因各家分歧太大而没有建成。武则天垂拱三～四年（687～688）决心"不听群言"，"自我作古"，在她亲自过问下于洛阳建成了中国古代体量最大、形式最奇特的一座楼阁式的明堂；到唐玄宗开元二十五年（737）拆去上层加以改建。北宋政和五～七年（1115～1117）拆改京城汴梁（今河南省开封市）宫内秘书监，又按周礼建造了一座明堂。它既不是汉朝的台榭式，也不是南朝的大殿式，更不是唐朝的楼阁式，而是由几个天井联系的院落。东汉以后，中国封建社会的礼仪制度已经非常完备，周礼中的明堂功能已由其他礼制建筑分别代替，以后各代的明堂，只是某种政治的象征而已。北宋以后各代均不再建明堂。只有明朝嘉靖二十四年（1545）改建北京天坛，新建圆形大享殿（即清的祈年殿），曾经一度把它附会为古代明堂。清乾隆四十九年（1784），在国子监正中新建一座辟雍，方亭外绕圆形水池，附会为古代辟雍形制。但这个辟雍是太学的别称，与明堂本没有关系，只不过是借用了环水的一点形式。

汉代明堂辟雍 西汉元始四年（4）在长安建造的明堂辟雍，位于长安南面正门安门外大道东侧，符合周礼明堂位于"国之阳"的规定。明堂方位正南北，正方形围墙每边长235米，墙正中辟阙门各3间，墙内四隅各有曲尺形配房1座。围墙外绕圆形水沟，直径东西368米，南北349米，这就是所谓的辟雍。四阙门轴线正中为明堂，南北42米，东西42.4米，整个建在一个直径62米的圆形夯土基上面。遗址正中为一接近方形的夯土台，南北16.8米，东西17.4米，残高约1.5米。夯土台四角又各附2个对角相连的小方土台，由此隔出四面的厅堂，每面厅堂外又各有敞厅8间。明堂遗址室外原有地面在发掘时已被破坏，参照与它的形式基本相同的王莽九庙遗址，现存的4个厅堂和敞厅原来都应当是半地下结构。明堂的主体是在它们的上面，由室外木梯进入。根据遗址结构，并结合汉代建筑的一些间接资料，可以推测出它的原状是一个十字轴线对称的3层台榭式建筑。上层有5室，呈井字形构图；中层四面，是为明堂（南）、玄堂（北）、青阳（东）、总章（西）四"堂"，上层五室与四堂构成九室。中层每面3室，即为"四向十二堂"；底层是附属用房。至于明堂"上圆下方"之说，据现有结构，有可能上层中央太室顶上为圆形屋顶，也可能另有所指。中心建筑（即明堂）的尺度，如不计算四面敞廊，每面约合28步（每步6尺，每汉尺0.23米），恰与《考工记》所记"夏后氏世室"实即春秋战国时的理想方案相同。

东汉光武帝中元元年（56）建造的洛阳明堂，位于洛阳南面正门平城门外大道东侧，与长安明堂的位置相同。遗址已在1977年探明，整个范围东西约386米，南北约400米，大约相当于长安明堂环水沟以内的范围，推测是明堂中心建筑外面围廊的范围。东汉经学家对明堂制度有很详细的论述，还有关于洛阳明堂形制尺度的具体记载，参照遗址范围，大体上可以肯定洛阳明堂仿自长安，基本形式和尺寸相似。但它增加了许多象征的具体含义。如明堂中心太室为方殿圆顶。圆顶直径3丈（约10米），天为阳，3为阳数；方殿每面6丈（约20米），地为阴，6为阴数；形、数相合，象征天圆地方。建筑通高81尺（约27米），象征"黄钟九九之数"；九室象征九州；十二堂象征十二月、十二辰；二十八柱象征二十八宿；三十六户象征三十六雨；明堂每面24丈象征二十四气等。

唐代明堂　唐初议建明堂，经学家争论不休，至高宗总章二年（669）由皇帝亲自指定了设计方案。虽然这个设计最终由于"群议未决"而没能建成，但在《旧唐书·礼仪志》中留下了详细的记载。它是一个集中了儒、道、阴阳、堪舆各家象数观念，象征含义非常丰富的巨大楼阁，在建筑艺术史上有着重要的地位。明堂基座正八角形，直径280尺，高12尺；上建两层方形楼阁，通高90尺；上下两层都是重檐，最上面是圆形屋顶。全部建筑从平面、高度尺寸，到栏杆、窗棂，斗拱构件的数目，都作了详细规定，共达50项之多。每项数字都有所象征，象征含义引自《周易》、《尚书》、《礼记》、《道德经》、《河图》、《淮南子》、《易纬》等书。例如庭院每面360步，为"乾策二百一十六"与"坤策一百四十四"之和；门宇5间，为阳数三，阴数二之和；堂心柱高55尺，为"大衍之数"；飞椽929根，为"从子至午之数"等等。

武则天以周代唐，号称"革命"，于垂拱三～四年（687～688）在洛阳建造明堂以为纪念。这座明堂再没有拘泥于井字形构图，也没有了四室十二堂的制度，而只采用了下方上圆的基本形式，并以下层象征四时，中层象征十二辰，上层象征二十四气来体表它的象征含义。另于室内中央用铁铸成水渠以象征辟雍。据《旧唐书·礼仪志》记载，明堂3层，每面300尺，通高294尺，中心从顶至底立一大柱，用以联结各层结构构件。下层方形，中层八角，上层圆形。屋顶用木片夹纻瓦，顶上置宝凤，后改火珠，另有九龙捧盖。可以想象，这是一个非常巨大而典丽的形象，是中国古代最高大、最华美的阁楼。但记载中高294尺（约82.32米）大大超过了3层楼阁可能的限度，肯定是误记或文字有意夸大。如果改为194尺（约54.32米），则比较符合唐代特大型建筑的尺度，也可能建成3层（加暗层共为5层）楼阁。这座明堂在玄宗开元二十五年（737）以"体式乖宜，违经乱礼"的理由被皇帝命令拆除，但因费工太大，只将上层拆去，屋顶改为八角形，比原建筑矮去95尺。原来屋顶的九龙捧盖改成了八龙捧火珠的形式。

天坛

中国明清皇帝祭天和祈祷丰年的地方。位于北京永定门内大街东侧。它是保存下来的封建王朝祭祀建筑中最完整、最重要的一组建筑，也是现存艺术水平最高、最具特色的优秀古建筑群之一。1961年被国务院公布为全国重点文物保护单位。

建筑形制 天坛有内外两重围墙，外墙南北1650米，东西1725米，内墙南北1243米，东西1046米。正门在西面。内外墙的南面二角都是方角，北面二角都是圆角，以附会"天圆地方"之说。坛内主要建筑有两组，即祭天的圜丘和祈谷的祈年殿，布置在稍偏东的天坛南北轴线的两端，中央连以长359米的砖砌高甬道，称"丹陛桥"。另在第二重墙西门内南侧有皇帝祭前斋戒时居住的斋宫，是一座城池环绕的砖砌筒壳建筑，称无梁殿。

天坛祈年殿

圜丘 每年冬至日祭天处。为汉白玉石砌的三层露天圆坛，围绕着石雕栏杆，下层径54.7米。中国古代认为天是阳性，又以奇数为"阳数"，故圜丘的台阶、栏杆、铺地石块等都取一、三、五、七、九等奇数，以象征同天的联系。坛外有两重矮墙，外方内圆，四个正方向都有白石做的棂星门。内外墙之间有祭祀用的燎炉和望灯。

圜丘以北有皇穹宇，祭天所用"皇天上帝"牌位平时即贮于此。它是一座圆形单檐攒尖蓝琉璃瓦顶建筑，殿有八根内柱，上部挑出镏金斗栱，承圆形天花，宛如伞盖。此殿外形简洁雅致，内部构架精巧，艺术水平较高。殿外有一圈环形围墙，俗称回音壁。正面开三个蓝琉璃瓦顶的券门。圜丘和皇穹宇都有环形围墙。声波经围墙反射，可造成特殊音响效果。圜丘之东还有神厨、神库、祭器库等附属建筑。

祈年殿 皇帝每年正月上辛日（初一）举行祈谷礼的地方。建在东西165米、南北191米、高度和丹陛桥相

天坛回音壁

同的砖台上。台围以矮墙，四面设门，正中建一座直径90.9米、高约6米的三层汉白玉石砌圆形基座，称"祈谷坛"。坛中央建祈年殿，殿平面圆形，直径24.5米，周围十二柱，装隔扇、槛窗和蓝琉璃砖槛墙，上覆三重檐蓝琉璃瓦攒尖顶，总高约38米。殿内外圈用十二根金柱与十二根檐柱共同承托中、下层檐。中心用四根高19.2米的龙井柱，柱间架弧形阑额，每额上立两根瓜柱，共为十二根，承托天花藻井和上檐屋顶。据说此殿设计时以圆形平面象征天，以四龙井柱象征四季，以十二根金柱和檐柱分别象征十二月和十二时辰。此殿结构雄伟，构架精巧，室内空间层层升高，向中心聚拢，外形台基和屋檐层层收缩上举，都造成强烈的向上动感，以表现与天相接，在设计上是很成功的。

建造经过　天坛始建于永乐十八年（1420），原称天地坛，主体是合祭天地的大祀殿，为矩形殿堂，前有门和两庑。嘉靖九年（1530）为分祀天地，在大祀殿南面建祭天的圆坛，即现在的圜丘。嘉靖十九年又在原大祀殿处建行祈谷礼的大享殿，即现在的祈年殿。至此，天坛的规模形成了。清乾隆年间，又改圜丘的蓝琉璃栏杆、地面砖为石制，改皇穹宇的二层檐为单层檐，改祈年殿三层檐分用蓝、黄、绿琉璃瓦为纯用蓝琉璃瓦，成为现在天坛的面貌。明代所建祈年殿于1889年毁于雷火。现殿是1890年按原式重建的。

建筑艺术成就　整个天坛，只疏朗地布置少量建筑，其余空间满植翠柏。柏树林起着远隔尘氛、造成静谧环境的作用。圜丘、丹陛桥和祈年殿都高出地面，越过矮墙，可以看到树梢，衬托出建筑高出林表之上与天相接的效果。为了象征天，天坛主要建筑都是圆形，而圆形建筑简单、明确的形体，加上统一的色调，造成庄严肃穆的效果。天坛是中国古代建筑群中最富表现力的一例。

北京社稷坛

中国古代祭祀土地和五谷神祇的建筑。周礼规定，王宫"左祖右社"，即东侧设庙祭祖，西侧设坛祭社。

"社"代表国家领土，象征帝王的权力。一般祭社的场所，是露天的台子，称为社坛。皇帝在国都设太社，各诸侯王公的封地和府州县城也设社坛，祭祀所辖疆域内的社神。"稷"即后稷，本是周朝祖先，相传曾教民耕种，后来演绎成谷神。土地与五谷联系紧密，所以社与稷经常于一坛合祭，即社稷坛。

中国现存唯一的社稷坛在明清紫禁城的西侧，相对应的位置是太庙，符合"左祖右社"的制度。明永乐十九年（1421）建，制度仿自南京。清乾隆（1736～1795）时改建，但基本形制未变，其中享殿仍是明代原物。民国后改为公园，陆续添建了不少园林建筑。全部占地约5.6万平方米，社稷坛设在正中，外有围墙两重。外墙四面正中设庙门，内墙设4座石柱棂星门。坛北设享殿，是平时供奉社、稷神主的主殿；又北设拜殿，是皇帝在雨天拜

北京社稷坛五色土

祭的场所。坛西有神厨、神库、宰牲亭、奉祀署等附属建筑。

社稷坛有着祭祀建筑特有的严肃性和象征性，主要手法是：①建筑比重极小，大片空地种植松柏。②内墙、祭坛都是正方形，十字轴线对称，方向性肯定。③坛面设五色土，象征中（黄）、东（青）、西（白）、南（红）、北（黑）——国家的全部空间，内墙琉璃瓦顶也随方向设色。④社为土地象征，地属阴，以北为上，所以享殿、拜殿设于坛北，即"南向答阴"与其他坛庙相反。

万荣后土祠

中国古代的祭祀建筑。位于山西省万荣县汾水南岸与黄河东岸古称汾阴的地方，是汉、唐、宋、金帝王祭祀后土（即土地、国土）之神的祠庙。西汉时在此已建有后土祠，以后多次重修重建，16世纪末（明代）毁于水灾，但祠内一块刻于金天会十五年（1137）的庙像图碑仍完整地保留至今，真实地反映了宋金时代后土祠的面貌。1996年被国务院公布为全国重点文物保护单位。

后土祠是一处由帝王致祭的大型祀祠，据图碑所示，该祠采取了规整对称的群体布局方式。基地南北纵长，可分为前后两部，前部甚大，纵长方形，后部较小，半圆形。祠门5间，九脊顶，左右以廊庑各接掖门和左右角楼，门外有一横长外院，以3座棂星门为院门。祠门内有三重横长院落，中轴线上各建院门，院内对称各有楼阁和其他次要建筑，第三重院东西又各接出一方形小院。再后即为主体廊院。廊院平面呈日字形，有院门，日字的正中一横为主殿坤柔殿，9间，重檐四阿顶，

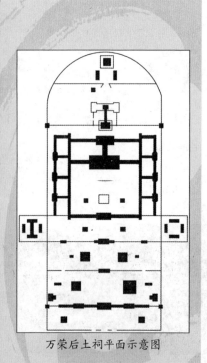

万荣后土祠平面示意图

殿前正中有名为路台的方形平台1座，左右各立乐亭，殿后设中廊与寝殿连成工字殿。此廊院东西各有小殿3座，皆面向廊院，并设横廊与廊院之东西廊相连。寝殿后高台上有3间小殿，台左右以围墙与北部两角楼相连，这两座角楼与南面角楼之间为高墙。半圆形部分前为平面H形高台，上建小亭，台后为一横墙，墙后中间是1座三合小院，左右配殿，正中高台上建重檐九脊顶建筑1座，其北围绕半圆形院墙。

后土祠的总布局方式和古代宫殿及寺庙等没有大的不同，主体部分取回廊院及呈日字形在唐代敦煌壁画中已可见到，此院左右各接小院也是唐代就有的传统，工字殿屡见于宋、金宫殿和其他祠祀如河南济渎庙、中岳庙等，前殿后寝也早已有之。庙像图在中国古代第一次完整地表现了全部组群的格局，具有重要的史料价值。

后土祠规模巨大，气势磅礴，布局谨严，重重庭院为高潮的出现作了充分的铺垫，可作为古代大型建筑群体布局的典型代表。

中岳庙

中国古代祭祀建筑。位于河南省登封县东，现存建筑多为清代所建。源于原始社会的自然神崇拜在中国封建社会仍得以继承并被规范化，其中也包括对于国内名山大川的崇拜。中岳即嵩山，又称太室，秦时已有太室祠，历代延续，并多次迁移，唐开元年间（713～741）始迁至现处。宋金至明清又多次重修，是皇家的祠庙。

庙内现存《大金承安重修中岳庙图》碑，忠实地反映了金承安年间（1196～1200）中岳庙的面貌，是建筑史的重要资料。据图碑所载，当时的中岳庙基地为纵长方形，建筑作对称布局。庙前临横街，街南正中建重檐

河南省登封中岳庙

方亭，与街北3座棂星门相对。棂星门左右以院墙连东西偏门，墙内是庙的外院。庙本体正面以廊庑连接下三门、东西掖门和两座角楼；其他3面都是高墙，每面各开1座门，后部两角也有角楼。下三门内为1横院，院中有火池及碑楼，院北布局为左中右3路，以中路为主。中路前沿正中为中三门，门左右为廊，门内横院有两座井亭，左右庑上各建两殿，分祀东、南、西、北四岳。院北为日字形廊院，居前1院最大，方形，是全庙主体。由前至后沿中轴线在日字的每一横上分别建上三门、峻极殿和寝殿。峻极殿9间，重檐四阿顶，建在高台基上，殿后以中廊与寝殿连成工字，殿前院中有隆神殿、竹丛和路台，路台左右各有1座乐亭。左、右两路窄长，各有一些次要建筑院落。庙北山顶上有塔1座。

金代中岳庙的总体布局与金刻山西万荣后土祠庙像图碑十分相似，其主体日字形廊院部分与元刻《孔氏祖庭广记》中的《金阙里庙制图》及明刻《济渎北海庙图志碑》（在河南济源县济渎庙内）也甚一致。以上各庙的主体大殿与寝殿都连成工字形，也常见于宋金元的宫殿建筑中。它们充分反映了宋金时期皇家祠祀建筑及其他大型建筑群的布局规律。

中岳庙还存有两通清康熙、乾隆时的庙像图碑，反映了不同时期的建筑变迁。现存中岳庙庙门天中阁是面阔7间、重檐歇山顶的城楼式建筑，与北京天安门相像。庙内主体建筑中岳大殿面阔9间，重檐庑殿顶。以上2座建筑都属清代官式建筑方式。

曲阜孔庙

中国祭祀儒学创立者孔子的祠庙建筑。位于山东省曲阜市。据传系建于孔子生前居住过的3间宅屋原址上，宋时规模已很大，现存建筑少数是金元所建，多数是明清的规划和清雍正时的遗物。明正德八年（1513）至嘉靖年间（1522~1566），曾将曲阜城移来（原城址在今曲阜城东约4.5千米处），孔庙大致位居县城正中，其南门与县城南门相对。庙址纵长，东西宽约150米，南北长达600余米，约占全城南北深度2/3，县城的东西干道穿过孔庙中部。在孔庙东北有面积甚大的衍圣公府，是历代衍圣公（即孔门长房后裔）的衙门和府第。

孔庙由南而北分为8进，前3进院落或为横长或为正方，中轴线上建有2座门屋、4座牌坊和1座石桥，院内广植柏树，是全序列的前奏。前两进的东、西墙上都有门通向庙外南北向街道。第4进的大门称大中门，由此至全庙北界周围有高大围墙，四角建角楼，表明自此以后才是孔庙的主体。大中门内隔同文门是高大的奎文阁。阁两层三檐歇山顶，左右各连一掖门，再以围墙转折向前包成凹形，然后向左右伸去，类似北京明清宫城紫禁城正门午门的布

山东曲阜孔庙鸟瞰

局。此墙内与奎文阁平行的东小院是皇帝驻跸之所，西小院是斋宿房屋。第5进横向，列历代碑亭13座，其东西横路出毓粹门、观德门连通城市东西干道，东干道上有鼓楼，楼北即衍圣公府。由此院往北分东、中、西3路。中路最宽，以廊庑围成纵长大院，院门大成门内建重檐十字脊顶的杏坛，院后部为全庙主殿大成殿。

大成殿建在白石台上，前连月台，殿面阔7间，四周围廊，重檐歇山黄琉璃瓦顶，檐柱全为石柱，正面10柱且满雕盘龙。殿内供孔子牌位，殿后有寝殿供孔妻牌位。左右廊庑列孔门弟子及历代贤哲共156人的牌位。东西两路各串联两进院落，为乐器库、礼品库及举行次要祭祀的场所。寝殿后的小院是第8进，中为圣迹殿，东西为神庖、神厨。

总观孔庙形制，颇似宫殿的缩小，又像宅第的放大，若以北京明清宫城紫禁城相比，大中门、同文门和奎文阁好似天安门、端门和午门；大成门近似太和门，门前横路也相当于太和门前东西通连东华、西华两门的横路；其后大成殿院庭及东西两路小院也与宫殿的主要殿庭和东西宫院的配置相似。

全部布局强调均齐对称的规整格律，以造成隆重庄严的气氛。主殿大成殿设在轴线后部，前面由南至北的几重院落节奏层层加紧，为高潮的到来作了充分的铺垫。各院落栽种松柏，加强了纪念性质。

曲阜孔庙是皇帝经常拜谒的地方，其建设由皇家主持，它的总体布局及单体建筑都属明清官式建筑方式。

北京国子监辟雍

中国清代太学国子监的主体建筑。位于北京（明清）城内东北部国子监的中心。乾隆四十九年（1784）

建成。中国历代王朝都在京城设太学，又名国子监。北京国子监按照"左庙右学"的制度建在文庙西侧，它们都始建于元武宗至大元年（1308）。明代重修，清乾隆三十四年（1769）全部大修，至四十九年又在院子中部增建了辟雍。

北京国子监辟雍

汉代儒生曾经推断西周的太学名辟雍，同时又解释明堂外环水为辟雍。但历代王朝都没有真正建过一座明堂形式的太学，乾隆时的北京国子监辟雍是唯一的一座。

辟雍为方形，重檐攒尖顶，每边面阔3间带周围廊，另加一周擎檐柱，廊柱间通面阔66.6尺（22.2米）。它建在一个圆形的水池正中，中心正对4座石桥。水池周长603尺（201米）。辟雍实际上是一座没有什么实用功能的象征性建筑，所以很注意象、数的含义。圆水在外，外为上，上为天；方殿在内，内为下，下为地；圆水方殿涵盖了天地宇宙。十字轴线正中设皇帝宝座，屋顶用攒尖形，表示皇帝位于天地中心之极。天为阳，水池周长为阳数9的倍数（9×67）；地为阴，方殿边长为阴数6的倍数（6×111）；天九地六，也是阴阳五行学说的基本数字观念。在建筑艺术上，整个建筑造型庄重，比例严谨，装饰精致，色彩典丽，是盛清建筑的典型代表。殿前置琉璃牌坊，它的造型、尺度和辟雍殿都很谐调，特别是作为辟雍的前导部分，更加丰富了空间艺术的效果。大殿室内面积约290平方米，巨大的空间内没有内柱，气派很大。

晋祠

　　中国古代富有园林气息的祭祀建筑群。位于山西省太原市西郊，现存主要建筑为宋金所建。晋地古称为唐，西周初，成王之弟叔虞被封至唐，称唐叔虞。据《水经注》记载，至迟到北魏时就有唐叔虞祠，现存的晋祠以圣母殿为中心建筑，祀叔虞之母邑姜。圣母殿南向，殿前由南至北中轴线上排列有会仙桥、金人台、对越坊、献殿和飞梁。献殿、对越坊之间左右有钟楼和鼓楼。中轴线东西分布着许多其他较小的祠庙，分祀叔虞、关帝、文昌、水母、东岳、三圣等，都是明清建筑。有一条小河从基地西沿流入，向东南过会仙桥后再向南流出。还有许多亭、桥以及周柏隋槐、晋水三泉散布在各组建筑之间。浓荫四布，曲水回合，很有园林风味。

　　圣母殿重建于北宋天圣年间（1023~1032），面阔7间，进深6间，重檐九脊顶，四周是围廊，前廊深达2间，十分宽敞。此殿角柱升高很显著，上檐更甚，使檐端曲线柔和，整体造型轻巧开朗。殿内有著名的宋塑精品侍女和女官像。殿前的飞梁是架在一座名为鱼沼的方形小池上的十字平面石桥，十字中心为方形平台，由平台通向前后为平桥，通向左右则斜下，形如大鸟展翅欲飞，可能这就是它得名的原因。飞梁为梁式桥，桥下立

山西晋祠献殿（金）

于水中的石柱、斗拱和梁木还都是宋代原物。殿前有水池，池心架立平台，四向通桥，这样的布局在敦煌唐宋壁画大型经变画中所见甚多，但实物仅此一例。献殿重建于金大定八年（1168），面阔3间，单檐九脊顶。献殿是宋、金寺院祠庙中常见的露台（或称路台），即舞台和献物台的转变，系于台上建层。它仍保持了露台的一些痕迹，四面无墙，仅以栅栏区隔。

晋祠建筑群自古就是晋中的胜游佳处，庙会极多，平均每6天就有1次，实际上已成为一个文化娱乐中心，宗教气氛已减弱。建筑对此也作了相应的考虑，如居于基地中心的圣母祠建筑群没有围墙，和周围众多祠庙的外部空间完全融合在一起，开朗活泼；开敞的献殿、波光桥影的鱼沼飞梁和造型空灵的圣母殿都渲染出了轻松明朗的氛围。

中国佛寺

中国宗教建筑的主要类型。是供奉佛像、举行佛教礼仪及僧侣居住的地方，为中国古代建筑艺术的重要组成部分。

一般认为，佛教是公元1世纪前后（东汉初）由印度传入中国内地的，随之出现了佛寺。当时中国建筑体系业已形成，匠师们已经积累了丰富的技术和艺术经验，并且已建造过许多祭祀礼仪建筑和高层楼阁。佛教建筑包括佛寺、佛塔、石窟寺等，从一开始就受到这些传统因素的影响，与佛教中国化的进程相适应，佛寺的中国特色也逐渐加强。

佛寺建筑采取了中国传统建筑的院落式布局。寺中的单体建筑除了某些砖石结构的塔以外，也大都采取

了木结构建筑方式，而砖石塔也大多模仿木结构建筑的形象。这说明佛寺的艺术面貌在整体上和世俗建筑没有太大的差别。事实上，除了殿堂里的佛像、宗教陈设、壁画和装饰的宗教题材以外，佛寺建筑本身与宫殿、衙署、住宅等十分相似，以至于它们常常可以互换。其实寺本来就是官署的意思，这一方面是由于中国建筑传统体系力量的强大和它的高度适应性，同时也取决于中国佛教自身的因素。人们认为佛寺是佛国净土的缩影，表征着佛的住所，在这里应该体现出平和与宁静，于是那种尺度近人、含蓄内敛、充溢着理性精神的中国木结构建筑及其群体组合方式，自然也就成了佛寺建筑的蓝本。

中国最早的佛寺建筑是东汉明帝永平十年（67）的洛阳白马寺，为原来接待宾客的官署鸿胪寺改建的。东汉末，笮融在徐州建造了规模很大的佛寺浮屠祠。经三国到南北朝，由于阶级矛盾和民族矛盾的激化，社会动乱，再加以统治阶级的提倡，佛教和佛寺发展很快，仅北魏统治范围，正光（520～525）以后，就有佛寺3万多所，都城洛阳（北魏）即有1300多所，南朝建康（今江苏省南京市）有500多所。

早期佛寺已经采用了院落布局，有两种方式：①以佛殿为中心，和一般世俗建筑没有多大不同，主要见于中小型佛寺或由官署、住宅改造而成的佛寺；②以塔为寺院中心，在大型的新建的佛寺中较多，如东汉白马寺、浮屠祠和《洛阳伽蓝记》记述的北魏洛阳永宁寺。徐州浮屠祠中心一塔，"堂阁周回"（《后汉书·陶谦传》），可以容纳3000多人。永宁寺中心木塔高达9层，据形容在50千米外都可看见，前为寺门，后有佛殿，四周廊庑，有僧房楼观1000余间，院墙覆瓦，四面各开一门。中心塔式寺院来源于佛教徒绕塔的戒行礼仪要求。

隋唐以后，佛教更重义理。为满足于宣讲义理需要的，以佛殿和法堂等殿堂建筑为主的布局更见盛行，寺内不一定有佛塔，或有也常常建在寺的后部和中轴线以外的别院。唐代都城长安有佛寺约百数座，一般都很大，有的大尽一坊之地，规模宏伟，甚至"僭拟宫殿"（《唐会要》）。唐代后期，佛寺发展更快，与皇家发生了经济矛盾，武宗下诏"灭法"，一次即毁拆官寺4600余座、私寺4万余座，可见佛寺建筑之盛。

唐代以前的佛寺因遭到战争、"灭法"和自然的破坏，几乎全部不存，幸存者只有建于唐建中三年（782）的南禅寺大殿和唐大中十一年（857）的佛光寺大殿，都在山西五台山。它们是中国现存最早的两座木结构建筑，尤其佛光寺大殿，规模较大，艺术完美，具有宝贵的价值。但它们都只是孤立的殿堂，要了解唐代佛寺的群体布局，还得要依靠莫高窟唐代壁画中的资料，其中数百幅以上的大型净土经变画里的建筑群，就是寺院的反映。

莫高窟唐代壁画中，表现了佛寺中轴线上主要有一座回廊院，前廊有1座或3座并列的院门，多为2层楼阁，院里中轴线上有1～3座殿堂，或单层或楼阁，在主殿前的左右回廊上建配殿，多为楼阁，院四角有角楼，常作钟楼和经藏之用，院内有露天舞台。据壁画所示迹象及文献记载，在大寺的中心回廊院周围还有许多建

天津蓟县独乐寺观音阁

山西太原崇善寺

筑和较小的院落，如长安章敬寺就有48院，唐代道宣撰《戒坛图经》宋刻插图佛寺有50多个院落。壁画不过只表现了其中主要部分的面貌，但已显示了佛寺的群体美达到了很高的水平。

现存宋元时期建筑的佛寺还有很多，其中大体保留有原来总体布局或某一院落布局的重要佛寺有天津蓟县独乐寺，山西应县佛宫寺，大同华严寺、善化寺，河北正定隆兴寺，山西洪洞广胜下寺等。独乐寺在山门后有一座结构为3层的观音阁，中空，容纳高16米的彩塑观音像。佛宫寺内有一座高达67.3米、结构9层的释迦塔（也称应县木塔），是世界上现存最高的木构建筑，也是中国现存唯一的楼阁式木塔。善化寺两进院，原来有回廊围绕，布局和敦煌石窟壁画表现的相似。隆兴寺总体纵长，前后原来共有5座建筑，以偏后的楼阁群为主体。广胜寺有上下两寺，较简小，都是四合院布局。

现存佛寺绝大多数是明清时代建立或重建的，总数当有数千。其中在藏族和蒙古族分布地区及华北有不少独特的喇嘛教派的佛寺，在云南南部有少数小乘佛教的佛寺，形式和汉族地区传统佛寺很不相同。

明清传统佛寺显然又有两种风格：①敕建的大寺，多位于城市或其附近，地势平坦开阔，规模较大，建造官式建筑，总体规整对称，风格华彩富丽，整饰严肃；②山林佛刹，多建在名山胜境风景佳丽之地，密切结合地形和环境，布局不求规整，活泼多变，单体建筑近于民居，规模不大，风格纯朴淡素。北京智化寺、广济寺，山西太原崇善寺等属于前者；分布于各地名山，如峨眉、九华、普陀、天台、雁荡等山的佛寺大都属于后者。

中国佛寺除了是宗教活动的场所外，在很大程度上也具有文化和旅游建筑的性质，它们丰富了城市的建筑艺术面貌，也装点了整个中国的美丽河山。

喇嘛寺院

中国佛教中喇嘛教的寺院。分布在西藏、内蒙古、青海、甘肃南部、四川和云南西北部，以及北京、山西、河北（承德）等地。喇嘛教形成于8～10世纪，在元代成为藏族地区的主要宗教。喇嘛即藏语高僧的音译。元世祖忽必烈尊西藏萨迦寺法王八思巴为"国师"，在蒙古地区传布喇嘛教，喇嘛教得到迅速普及，蒙古和内地都建了不少喇嘛庙。明代中叶，格鲁派（又称黄教）取代旧教，统治全部蒙藏地区。明朝承认喇嘛教的统系，也在内地建造喇嘛寺院。清代大力尊崇喇嘛教，在西藏实行政教合一，黄教首领达赖和班禅统治全藏；蒙古也册封活佛分别统管境内寺院。到清代末年，藏族地区有寺4000余所，蒙古地区约1000余所，内地主要集中在北京、承德和山西五台山，有几十所。

西藏萨迦寺拉康钦莫殿

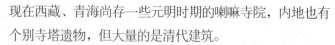

现在西藏、青海尚存一些元明时期的喇嘛寺院，内地也有个别寺塔遗物，但大量的是清代建筑。

喇嘛庙建筑中有3种形式最富有宗教艺术特征。①都纲，原是大经堂的音译。体量巨大，柱网纵横排列，空间呈回字形。中部升高，凸出天窗，周围低平；或中部上下贯通，四周为二三层围廊。都纲原是容纳众多僧人集体习经的场所，所以这种空间需要采光通风，后来变成一种固定的空间法式，也常用于供佛的殿阁。②曼荼罗，原是法坛的音译，也含有佛教关于宇宙构成模式的内容，演绎而成金刚宝座、须弥山等表现形式。其特点是井字形划分，十字轴线对称，按间隔的5个空间排列建筑。③喇嘛塔，造型与内地传统佛塔完全不同；瓶形、单层，绝大多数为砖石结构，外面刷白，还有一些是铜壳镏金或镶砌琉璃的。

中国的喇嘛庙有3种基本风格。①藏式。主要在藏族牧区，总平面自由灵活，大片建筑随地形错落，逶迤连成一片。高大的经堂、佛殿突出在低矮的僧房之上，中间又点缀以佛塔。单座建筑造型风格统一，以收分很大的石墙为主体，多数刷白，重要建筑刷红或黄色。窗洞很小，外建黑色梯形窗套。多用平顶，檐口有棕、黑、灰色相间的饰带，有的还镶以镏金铜饰，色调浓重。某些最重要的建筑在顶部加建镏金铜瓦坡屋顶。它们建在大草原上或山崖河谷，与周围环境形成对比，显示了宗教的无上权威，艺术感染力非常强烈。②蒙古式。有两种类型，一种和藏式相似，总平面比较自由，但主体部分格局规整，主体建筑用都纲，坡屋顶占的比重较大，装饰较华丽；另一种总平面采用内地传统佛寺形式，主体殿堂用都纲式，但造型比例和装饰都与当地传统建筑相似。③内地式。全部用汉地传统建筑形式，只是主要殿堂还保持都纲式空间，并加少量藏式或蒙古式装饰。不论哪种风格，都表现出国内多民族建筑艺术相互交融的特点，并且或多或少地看出印度、尼泊尔建筑的影响。

佛光寺大殿

中国现存最早的两座木结构殿堂之一。位于山西五台山。建于唐大中十一年（857），是唐代建筑的典型代表。1937年为建筑学家梁思成发现。传佛光寺创建于北魏，9世纪初建有3层7间弥勒大阁，唐武宗会昌五年（845）灭佛时被毁，后在此阁旧址建此殿，现保存完好。寺依地形布局，地势东高西低，大殿在寺址东端山岩下高12米多的台地上，面西，是全寺主殿。寺院不大，台地下院落北侧有金代建筑的文殊殿，其他建筑都是清代以后所建。

大殿面阔7间，中间5间设板门，两端各1间设直棂窗，通长34米余；进深4间，17.66米；上覆单檐四阿屋顶。殿内有一圈内柱（金柱），将内部空间分为内槽和外槽两部分，沿内槽后部3面设墙，围着佛坛，坛上有30多尊晚唐彩塑像，沿大殿后墙和左右墙在阶状台座上有清代以后所塑500罗汉。内槽空间较高，佛坛围墙又加强了它的地位，上面以木条组成方格状的平棊和四周斜置的峻脚椽组成长覆斗形的天花，天花下显露的4条大梁及其上下的斗拱把空间划分为5个较小的部分。外槽空间较窄较低，是内槽的衬托，它的天花和所显露

山西佛光寺

的梁架、斗拱则和内槽处理一致，全体有很强的秩序感和整体感。建筑的空间与雕塑配合的十分协调，如以佛坛和其围墙强调了雕塑所在空间的重要性；正中3间塑像较大，为3尊坐佛，两端塑像较小，为骑狮文殊和骑象普贤，各像周围都有其他一些小像，共组成5组，与5个空间相应；塑像的高度与体量也与所在空间相应，不显拥塞或空旷，同时也考虑了视线，如人站在殿门时，内柱围成的框不遮挡该间塑像的完整组群和坐佛背光；站在内柱一线时，佛顶与人眼的连线仍在正常的垂直视角以内。殿内还残存数处唐代壁画和建筑彩画。大殿立面竖向分为台基、屋身、屋顶3段。台基素平无华。屋身立柱有侧脚和生起，使得体型稳定而富有韵味。柱上斗拱雄大，高度占到柱高一半。出檐深远，挑出达4米，约当檐口到柱底高度的一半。补间斗拱只有一朵，布局疏朗，呈现出刚健朴质的结构美和本色美。屋顶坡度平缓，屋檐从立面中心起即向两端以柔韧曲线微微上翘，整座屋顶舒展从容。整条正

佛光寺大殿

脊也是中低边高的弧线，两端以尺度颇大而轮廓简洁的内卷鸱吻收束，其位置恰与立柱相应，加强了整体造型的有机性。

　　佛光寺大殿有许多精微的形式美考虑，格调雄健昂扬，雍容大度，是中国建筑艺术的精品之作。

独乐寺

　　中国佛教寺院。位于天津市蓟县城内。现存山门和观音阁建于辽统和二年（984）。是中国现存较早的重要建筑群，观音阁则是现存最早的楼阁。

　　寺南向，山门面阔3间，进深2间，单檐四阿顶。观音阁在门内中轴线上，下为低平台基，前出月台，面阔5间，20.23米；进深4间，14.26米。阁外观2层，但腰檐平座内部是一暗层，故结构实为3层，覆单檐九脊顶，通高23米余，柱子有侧脚和生起。

天津独乐寺山门

　　山门和阁均屋坡舒缓，出檐深远，斗拱雄大疏朗，保留有明显的唐代风格。阁内有内柱（金柱）一周，形成内、外槽相套的空间，内槽中心佛坛上立高达16米的彩塑观音像，通贯3层，两侧各侍立一菩萨。内槽中空，直贯上下，各层向内挑出栏杆围绕大像。中层栏杆平面长方，上层六角，较小；大像头顶的天花组成八角攒尖藻井，更小，呈现出韵律的变化并增加了高度方向透视错觉。大像略前倾，以减少仰视的透视变形。上层较为开敞，使大像头、胸部显得明亮，增加了崇高感。门和阁的距离适中，不过分远，以突出阁的高大，也不过分近，当立在山门内时，可以看到包括屋面在内的阁的完整形象。

善化寺

　　中国佛教寺院。位于山西省大同市内。是以现存辽金建筑为主的重要建筑群。始建于唐开元年间

（713~741），辽代重建，辽末大半毁于兵火，金天会六年（1128）至皇统三年（1143）又重修和重建。

寺南向，沿中轴线建山门（金）、三圣殿（金）和大雄宝殿（辽）。据迹象看，原来应有廊围成两进院落，每进都有配殿，现回廊已不存，代以墙，配殿或毁或晚近所建，仅大雄宝殿西配殿普贤阁为金代建筑。

这种廊院组合的群体布局常见于唐代敦煌石窟壁画中，实例则以此寺为最早。组群中最大的建筑大雄宝殿建在高台基上，前连月台，是辽代寺院常见的方式。它退居轴线尽端，院庭广阔，以配殿普贤阁等较小建筑为陪衬，殿、阁体量的大、小和横、竖的对比，殿的四阿屋顶与阁的九脊屋顶的形象和性格的对比也都突出了主体建筑。三圣殿较小，院庭也较小，山门更小，它们是高潮前的铺垫。

大雄宝殿和三圣殿的内部空间都考虑了与塑像的关系。如前者进深5间，佛像靠后，像前减去了两排内柱；后者进深4间，后部有扇面墙，墙前佛坛以前的所有内柱全部减去，都使像前有较大的前视空间并减少了遮挡。

普贤阁外观2层，但结构实为3层，是辽代楼阁常见的结构法。方形平面使用九脊顶，使屋脊有充分长度，形象完美。

山西善化寺

4座辽金建筑的斗拱都使用了斜拱（宋名虾须拱），斗拱且有缩小加密的倾向，已渐趋繁琐。

隆兴寺

中国佛教寺院。位于河北省正定县城内，是以现存宋代建筑为主的重要建筑群之一。寺始建于隋代，宋代重建后即形成现在的规模。寺南向，寺院主体部分宽约50～90米，纵深300余米，山门内沿中轴线顺置5座建筑，即大觉六师殿、摩尼殿、戒坛、佛香阁和弥陀殿，大多有配殿。佛香阁院庭之东还有一些僧房小院。全寺以摩尼殿和佛香阁及阁前左右配殿慈氏阁、转轮藏殿（实为楼阁）为重要，其他建筑或已毁或为后代改动太大，有的是清以后所建。

摩尼殿建于宋皇祐四年（1052），平面近方，重檐九脊顶。下层檐四面各出一

河北正定隆兴寺摩尼殿

抱厦，也用九脊顶，山面向前，轮廓丰富。以山面向前的做法在宋代绘画中常可见到，称为龟头殿。佛香阁方形，内部有铸于宋开宝四年（971）的千手观音铜像，高24米。但阁系1944年重建，3层五重檐（2、3层为重檐）九脊顶，高33米。殿前左右配殿均为楼阁，方形2层、重檐九脊顶，有腰檐平座，面向轴线从腰檐伸出雨搭。两阁大部仍是宋代原构。几座方形建筑都采用九脊屋顶，以保持正脊的充分长度，是中国古代建筑中常见的处理方法。寺内宋代建筑的斗拱较雄大疏朗，摩尼殿使用了辽金建筑常见的斜拱，转轮藏殿内的转轮藏采用的八铺作（出跳5次）斗拱，在实物中比较罕见。

全寺强调沿纵深方向各建筑和院落的丰富变化。佛香阁及其周围的楼阁群是高潮，建筑形体高大，院落也最大，并变为横向。这组建筑位于中段靠后，前有铺垫，后有收束。全寺布局抑扬起伏，富于韵律。

广胜下寺

中国佛教寺院。位于山西省洪洞县霍山山麓。广胜下寺南向，地势前低后高。山门内前院空阔，广植树木，左右没有建筑；后院以前、后大殿，左、右配殿和前殿左右的钟鼓楼组成四合院，建筑密集，与前院形成对比。后殿重建于元至大二年（1309），其他建筑也多为元代所建。

此寺建筑常有一些不同于官式做法的处理，如山门为单层，歇山顶，在檐下前后各出垂花雨搭，形式别开生面。紧接前殿山墙建钟、鼓楼的布局也不常见，两楼为清代建筑，方形，体量很小，用华丽的十字脊亭式屋顶，与体量甚大的前殿悬山屋顶形成大小、繁简的强烈对比，使前院这唯一的建筑立面显得丰富多变。各建筑结构常采用大内额、大昂尾以及减柱和移柱做法，灵活布置柱网，材料和构件均不求规整。

广胜下寺前右侧有一座供奉水神的水神庙，即龙王庙。庙内唯一大殿明应王殿建于元泰定元年（1324），方形平面，单层，重檐歇山周围廊，雄伟舒展，是中国龙王庙建筑中最大和最早者。殿下高台基前连月台，台前沿立

山西广胜下寺水神庙西壁壁画《下棋图》

悬山顶的小牌楼，丰富了构图并对比出大殿的宏大。殿内元代道教壁画绘出了戏剧演出场面，是绘画史和戏剧史的重要资料。山门外面有戏台一座。

智化寺

中国佛教寺院。位于北京内城东部。建于明正统九年（1444）前后。寺属大太监王振所有，为敕建官式佛寺之一，现寺内建筑及装饰部件仍多为明代原物。寺南向，山门外有照壁，门内为智化门及钟、鼓楼，智化殿及左右配殿。由山门至智化殿共有7座建筑，可能即唐宋以来禅宗寺院所谓“伽蓝七堂”的制度。智化殿后还有如来殿，实为一楼。楼后过一门为寺院后部，有两进小院，可能是明英宗所建立的祀王振的专祠所在。寺后部东西还各有小院，它们都有甬路沿前部两侧通向前方。

北京智化寺如来殿

此寺布局是明清寺院常见的规整对称方式，寺内值得注意的艺术处理是室内设计、装修、彩画和雕饰。如来殿上下层室内墙壁和槅扇遍布佛龛。上层层高较低，天花处理成中高边低如覆斗形，正中又升起藻井，以获得较好的空间印象。其藻井方形，内以支条划为八角，再内以支条做出2个方形交叉45°相套，正中为圆形

藻心，沿各支条边侧的斜面和顶板雕饰复杂图案，贴金色，是明代木装修的精品。此藻井在20世纪30年代被拆运，现藏美国纳尔逊艺术博物馆。如来殿的槅扇棂花也很精美，梁架彩画尚保存有明代原物。智化殿的西配殿在石须弥座上装有木制转轮藏，石座及藏身的雕刻、藏上的圆形藻井及井圈出挑的斗拱都值得注意。此外，全寺主体建筑都用黑色琉璃瓦，在中国佛寺中也很少见。

峨眉山佛寺

中国佛教寺院群。位于四川省峨眉山，是中国山林寺观的代表，现存者多建于清代以后。峨眉山是著名风景区，海拔3000余米，风景区面积115平方千米。传说是普贤菩萨的道场，至唐代已成为中国四大佛教名山（五台山、峨眉山、普陀山、九华山）之一，全盛时有寺庙100余处及少量道观，现在还有20余处。

峨眉山寺庙的分布注意了全山的整体规划。它们不仅是僧徒静修所在的一个孤立静止的对象，而且还是纵游全山的动态过程中的一些环节。这些寺庙互相照应，组成了一条连绵有致的环境线。峨眉山寺庙的布点遵循着以下原则：①均匀。照应游人的自然行止和心理要求，往往是二三十里一大站，三五里一小站，为人们提供休息和停留观赏的条件。②注意主次相间，重点突出，高潮迭出，抑扬顿挫，使人们在富有节奏和韵律的氛围变化中获得满足。③选择在景观和环境诱人之处，同时也注意使人工的建筑成为自然美的补充，成为被欣赏的对象。以上几点又常是结合在一起综合考虑的。如清音阁建在4条山道的交叉处，与其他寺庙都有几里或十几里的距离。这里有两溪奔流，水声松涛，是游人必停的地方。洗象池在3条山道交会处不远，是攀上顶峰征途上继"七十二道拐"陡峭山路后又一段长长陡路的起点,东望景色极佳,又是猴群出没的地方。

寺庙本身布局密切结合基地的地形和周围环境,不求规整,自由多变。如洗象池将客房集中东侧,并连以东向长廊,便于眺望开阔的景色,次要用房则集中在景色不甚引人的西侧。山中基地不

四川峨眉山大庙飞来殿

敞,一般避免大挖大填,主要建筑顺等高线布置,串联前后主要建筑的纵轴可以转折,也可以错位,纵轴左右布置次要建筑,并采用台(少许平整基地成层层台地)、吊(在基地倾斜的一方用柱子架立楼板)等方式对基地略作加工。寺内空间空灵多变并与寺外空间融贯相通。如伏虎寺、雷音寺、洪椿坪等寺庙都是佳例。

峨眉山寺庙还具有浓厚的地方风格和民居格调,尺度亲切,造型以灵巧活泼见长,不求隆重。大都只用悬山屋顶,二披也不求一致,只有主要殿堂才用歇山顶。常用披檐作水平划分,披檐也不强求交圈,屋顶穿插机智巧妙。材料则因地制宜而用,木材不求粗巨和规整,露本色木面或涂黑色,以小青瓦或杉皮盖顶,以木板、编笆涂泥或块石作墙。峨眉山各寺都具有这种特点,仙峰寺、雷音寺、神水阁、九老洞、遇仙寺都是处理得很好的例证。它们布局虽都不同,但又统一在一个大环境的整体风格中。

山林寺观在艺术上是对谨严整饬的城市寺观的补充，更多地体现了人们对大自然的美好感情。

布达拉宫

中国喇嘛教首领达赖喇嘛的驻地，也是清朝西藏政、教机关的所在。位于西藏拉萨郊区河谷地带。主体始建于清顺治二年（1645）五世达赖时期，历时50余年形成现有的规模。布达拉宫包括山前的宫城区、山顶的宫室区及后山湖区3部分。宫城区有东、南、西3座城门和2座角楼，城内是为布达拉宫服务的管理机关、印经院、僧俗官员住宅、监狱、马厩等。登上宽大的石蹬道可到达山顶宫室区。这一区是以并联的白宫和红宫为主体的大建筑群。白宫是专为达赖政教生活服务的宫室；红宫是一组存放已故达赖灵塔的佛殿和其他一些殿堂的宗教性建筑群；白宫和红宫的南面，是供僧人进行宗教活动的朗杰扎仓（经堂）。后山湖区有两片湖水，西湖岛上有1座4层楼阁，按藏语意译为龙王宫。全部建筑面积在10万平方米以上。白宫和红宫都是包山头而建。白宫外观7层，下层在山坡上，面积不多，至第3层高出山头，在此建大殿堂。大殿堂上面是内天井，四周为多层建筑，顶层为达

布达拉宫

赖宫室。红宫外观13层，最下面的5层稍凸出，光洁的大墙面上开小窗，名为晒佛台。台后建筑的下面4层建在山坡上，第5层接近山头，建大殿堂，自第6层以上，中央为内天井，四周为多层佛殿。红宫西邻是十三世达赖灵塔殿。在所有的灵塔殿及法王洞、观音堂的屋顶上都用金顶。布达拉宫正面总长约360米，山下建筑低矮，只有山顶建筑体量庞大。所有建筑外墙均刷白色，仅中央红宫刷红色。各平顶建筑的檐口均有棕色横带。红宫上面金顶耀目，色彩对比极强。主体建筑外墙收分很大，而且都包山头而建，连同山基高达110余米，犹如破山而出，直插蓝天，极富艺术感染力。

1994年12月，布达拉宫被列入《世界遗产名录》。

小西天

中国佛教寺院。位于北京北海西北隅，是"极乐世界"的俗称。建成于清乾隆三十五年（1770）。当年是乾隆帝60岁生日，次年是他母亲80岁生日，为此特在三海御园的北岸，阐福寺以西，兴建万佛楼等一组佛寺为祝寿纪念。小西天在万佛楼南部，位于同一轴线上。这组建筑的象征性很强。总平面呈正方形，十字轴线对称，东西南北各有1座琉璃牌坊，每座牌坊正对1座石桥，通向正中的重檐方殿。殿周围绕水，四隅又各有1座方亭。方殿体量高大，面阔7间，通长34.74米，通高25.47米，下檐擎檐柱高达7.05米。殿内中心是1座表现西天极乐世界须弥山的大型彩塑，上有佛、菩

北京北海小西天

萨和八百罗汉以及山形海浪，现已拆除。这种十字轴线对称，按井字形划分，一个中心主体，四隅各附一个附属建筑的构图形式，在佛教建筑中最初见于印度佛陀迦耶大塔。初建于8世纪中叶的西藏桑鸢寺，主殿乌策大殿（重建于17世纪末）有5个屋顶，就按这种构图排列，据《西藏王统记》所叙建寺的设计思想，是用它模仿须弥山，即佛经中描述的佛的驻地。另外，密宗中的曼荼罗本为坛城、法坛，其布局体现了佛国世界的模式，也采用了这种构图，后来演变成喇嘛教的金刚宝座。所以凡是与须弥山、曼荼罗、金刚宝座含义有关的建筑，都采用了这种构图形式，有时是塔群，有时是殿阁屋顶，有时是组群建筑。小西天就是其中的一种，5座方形殿亭象征须弥山，周围环水象征山外大海，殿内的泥塑更使它的含义具体化。从艺术处理来看，中心建筑体量高大，突出在北海西北角，与琼岛白塔遥相呼应，加强了空间环境的整体性。整组建筑造型丰富，且有假山曲水点缀其间，在严肃中有趣味，豪华中有幽静，符合皇家园林中宗教建筑特有的性格。

拉卜楞寺

中国喇嘛教格鲁派六大寺院之一。位于甘肃省夏河县大夏河北岸，占地约90万平方米，创建于清康熙四十八年（1709）。寺内主要建筑有16座佛殿，6个扎仓（经堂），18处活佛公署及大量的僧舍。寺院总平面呈椭圆形，寺内的主要建筑如佛殿、经堂、活佛公署等，多建在西部靠山脚地势较高的地方，一片低矮无华的平房（僧舍）托着体量庞大、色彩丰富的主体建筑，艺术效果很好。南面和东西的寺院围墙外侧出廊，廊上安装几百个表面涂刷红色，描有金色经文的玛尼筒（转经筒），使得寺院外墙华美夺目。寺院主要建筑如佛殿、经堂等的内外形式、结构做法等均与西藏地区的寺院相同。如寿禧寺佛殿，坐北朝南，主殿平面呈凸字形，前有单层前廊，后部主殿高3层（外观有5层窗户），屋顶上又加1层金顶。内部第1、2层空间上下贯通，内供高大佛像。外墙收分很大，刷红色，上面金顶金碧

甘肃拉卜楞寺

辉煌。寺内最大的扎仓为闻思学院，坐西向东，主殿的经堂在前，佛殿在后。经堂平面呈横宽形，内有140根柱子，中央屋顶局部凸起天窗直达2层，2层四周又有建筑。经堂后面是3间佛殿，空间高大，从经堂后面的第2层建筑采光，殿内光线很弱。

一些活佛公署及僧舍融合了邻近的汉、回等民族传统的建筑形式，多为四合院，两披顶，抬梁式结构，花格窗，还有些使用了如意斗拱、砖雕墀头等。

承德外八庙

中国喇嘛寺院群。位于河北承德避暑山庄外，共12座，因其中8座驻有喇嘛，故称外八庙。它们绝大多数是清王朝在解决边疆和西藏问题的过程中，为了来热河行宫朝见清帝的蒙藏王公贵族观瞻、居住而建造的，是一批政治性很强的纪念性建筑。

康熙五十二年（1713），各蒙古王公为庆祝康熙帝60岁生日，在武烈河东岸平地上建溥仁、溥善两寺。溥仁寺（俗称前寺）供观瞻，溥善寺（俗称后寺，已毁）

河北承德外八庙之一 普陀宗乘庙远景

供喇嘛习经。乾隆二十至二十三年（1755～1758），为纪念平定蒙古准噶尔达瓦齐部的动乱，在行宫东北山麓建普宁寺；又于乾隆二十五年在普宁寺的东南方建普佑寺，安置喇嘛学习经文。乾隆二十九年，蒙古准噶尔达什达瓦部迁承德定居。为满足他们的宗教要求，在武烈河东岸高地上，模仿位于伊犁河畔的准噶尔蒙古喇嘛庙固尔扎庙建安远庙，俗称伊犁庙。乾隆三十一至三十二年，在安远庙以南建普乐寺，供厄鲁特蒙古各部王公观瞻。乾隆三十二至三十六年，在行宫北部山麓，仿拉萨布达拉宫建普陀宗乘之庙。建寺的原因，一是为了庆祝乾隆60岁生日和其生母80岁生日，同时也为了纪念明代末年生活在伏尔加河下游的蒙古土尔扈特部历尽艰辛返回祖国。次年（1772），在普陀宗乘庙以西建广安寺，又名戒坛（已毁），是为蒙古王公受戒和说法的寺庙。两年后，在广安寺以东建殊像寺，仿自山西五台山同名寺院及北京香山宝相寺。同年，在广安寺以东建罗汉堂（已毁），仿自浙江海宁安国寺，寺的主体建筑和500罗汉木雕像，均与北京香山碧云寺罗汉堂相同。乾隆四十五年，为庆祝乾隆70岁生日，西藏六世班禅前来诵经祝贺。为了接待班禅，在避暑山庄以北山麓最东端建须弥福寿之庙，仿自西藏班禅驻地日喀则扎什伦布寺。同年，特准诺门汗活佛在普宁寺以东自建广缘寺，是所有寺庙中最小的一座。这12座庙宇沿避暑山庄东、北两面山麓均匀布局，与山庄内的湖山亭阁和四周的奇峰怪石，共同组成了一幅色调绚丽的环境艺术长卷。绝大多数寺院都有体量突出的主体，形象丰富多彩，而它们的政治内容，以及它们所模仿的各地著名建筑，又包含着深厚的历史含义，所以它们的艺术感染力非常强烈。

外八庙的建筑形式可分为3种类型。第1类是完全按照清代宫式标准化的工程做法建造，布局、造型都保持着内地传统佛寺形式，有溥仁寺、溥善寺、广缘寺、普佑寺。其中普佑寺是一个附属寺院，形式略有变化。第2类是主体建筑在全寺后部，体量高大，形象特殊，并有象征含义，有普宁寺、普乐寺、安远庙、罗汉堂、殊像寺。其中普宁、普乐、殊像3寺的前部都是传统佛寺格局，安远庙前部为大片空地，罗汉堂前部比较局促。第3类是布局比较自由，较多地保存了西藏、蒙古的建筑风格，有普陀宗乘之庙、须弥福寿之庙、广安寺。其中普陀宗乘之庙在外八庙中占地面积最大，布局最自由，西藏建筑风格最浓厚。

雍和宫

北京最重要的喇嘛寺院。位于城内东北部，原为清代雍正帝未继位前的王府，始建于清康熙三十三年（1694）。雍正称帝后改名雍和宫，死后在此停灵，改原绿琉璃瓦顶为黄色。乾隆九年（1744）正式改建为喇嘛寺院，原有寝殿可能在这时改建为法轮殿。乾隆十五年清朝平定西藏内乱，为此七世达赖进贡大白檀木，于雍和宫雕造弥勒佛像，随后建造容纳佛像的万福阁及东

北京雍和宫万福阁

西两阁。乾隆四十四年命仿承德广安寺戒坛形制改建法轮殿东西山殿为2层楼阁。

雍和宫全部建筑依纵中轴线南北排列，分为3部分。南部为T形广场，是改寺后扩建，为喇嘛于正月跳步扎（俗称"打鬼"）的场所。中部原是王府的前殿部分，没有经过大的改动。后部原是王府的后寝部分，全部加以拆改，宗教特征最为显著。东侧为行宫书院，是原来王府的花园，已毁。

中国内地的佛道祠庙寺观，大都是套用府邸衙署形制，所以雍和宫由王府而改为寺院，总体格局不必要做大的改动，但主体建筑要求符合宗教特点。例如法轮殿，就是将原有的寝殿改造为都纲形式。"都纲"是藏语（蒙语同）经堂的音译，基本形式是平面呈回字形，中部空间抬高凸出天窗，周围为多层内向围廊。法轮殿利用了原有的建筑平面，而在室内空间上加以改变，使之符合都纲形制。同时，喇嘛教的经堂和佛殿，常用5个呈井字形排列的体量，以表现曼荼罗或金刚宝座，法轮殿就在屋顶上凸出5个天窗以为象征。万福阁也是都纲式形制，中部贯通部分置17.60米高的木雕弥勒佛像，两侧有永康、延绥两阁，3阁间连以跨空阁道，构思巧妙。这2组建筑的难得处就在于，运用极严格的清代官式建筑规则，创造出形式特殊又富有宗教个性的艺术形象，同时不失皇家殿宇的风格；单座建筑比例严谨，装饰华美，但又没有拥挤烦琐的弊病。

席力图召

中国喇嘛寺院。汉名延寿寺。"席力图"为创寺喇嘛之名，"召"为蒙古语寺庙音译。位于内蒙古自治区呼和浩特市的清代归化城内。原地旧有寺，清康熙三十五年（1696）扩建，光绪十三年（1887）主殿毁于火灾，随即修复。呼和浩特早在明代就是一处蒙汉贸易的主要市场，也是蒙汉杂居的城市，城内建筑多为山西地方形式。席力图召的总平面即沿用汉族传统佛寺布局形式，建筑依纵中轴线对称排列，山门外设3座木牌坊，内设钟鼓楼、菩提殿、左右廊庑及配殿；主体建筑为大经堂，经堂后为佛照楼（已毁）。东西两侧又各附1组建筑，为活佛住所。

最富有蒙古族喇嘛教建筑特征的是大经堂。其格局与西藏喇嘛寺的都纲（蒙语，意为经堂）相同，由前廊、经堂、佛殿（已毁）3部分组成，柱网纵横相交，经堂呈回字形，其中间部分贯通2层，用披顶。木柱均为折角方形，柱上置弓形大托木，上承横梁、木椽，雕刻彩绘华丽繁复。周围用平顶，檐口有棕色饰带。大经堂继承了西藏喇嘛寺的这些固定法式，又吸收了许多当地建筑的式样与手法。如屋顶比重增大，不用石墙而用没有收分的砖墙，不用窗套而用瓦檐，女儿墙上加瓦檐，木装修直接采用汉族的形式等。这座大经堂因系康熙皇帝"敕建"，所以使用了黄色

席力图召大经堂

琉璃瓦，绿色琉璃砖镶面，再加大量镏金的铜饰件和朱红色装修，使得总体造型端庄，色调绚丽，显示了融合藏、汉建筑艺术特点的蒙古族新风格。

中国佛塔

西安大雁塔

中国佛教纪念性建筑。塔的概念是随同佛教一起从印度传入的。"塔"字是梵文stūpa（窣堵波）的音译略写，有时又借Buddha（佛）的译音"浮屠"、"浮图"为塔。"窣堵波"原意是坟墓，早在释迦牟尼以前就已存在。释迦牟尼死后，遗骨分葬在多座窣堵波中，从此窣堵波就具有了宗教纪念意义。窣堵波是一座半球状的坟堆，上面以方箱形的祭坛和层层伞盖组成坟顶。佛教在公元1世纪前后传入中国内地时，中国的木结构建筑体系已经形成，积累了丰富的技术和艺术经验，建造过迎候仙人的重楼，当时人们又常以神仙的概念来理解佛。所以，佛塔从很早起就开始了以传统重楼为基础的中国化过程。

据记载中国最早的佛塔是东汉永平十年（67）汉魏洛阳故城白马寺和东汉末笮融在徐州所建浮屠祠中的塔。据称白马寺塔是"犹依天竺旧状而重构之"（《魏书·释老志》），已显露了中印建筑融合的迹象；浮屠祠的塔是"上累金盘，下为重楼"（《后汉书·陶谦传》），中国的重楼成了塔的主体。金盘又称相轮，即窣堵波的层层伞盖，这种塔属楼阁式。塔的另一重要形式是密檐式，多为砖石结构。密檐式的各檐也是对重楼各檐的模仿。早期楼阁式塔的重要作品之一是汉魏洛阳故城永宁寺塔，据《洛阳伽蓝记》记此塔为木构，高9层，平面方形，各层每面9间，3户6窗，塔刹铜制，有相轮30重，并从刹顶垂铁链4条向屋顶四角。北朝时的楼阁式塔还可在敦煌、云冈等石窟的壁画和石刻中看到。现存中国最早的佛塔是建于北魏的河南登封嵩岳寺塔，平面十二角，密檐式15层，全高约40米。在早期佛寺中，塔常置于寺院中心，是寺中的主要建筑，供信徒绕行礼拜。唐以后，以佛殿为主体的佛寺布局渐占优势，塔多数置于殿后或在中轴线以外，这和佛教向注意义理的方向发展有关。

　　唐宋以前的楼阁式塔大多是木构建筑，但由于木塔不易保存，又创造了砖石建造仿木塔形式的楼阁式塔。唐塔现存有数十座，全是砖建。楼阁式塔现存重要实例有西安慈恩寺塔（大雁塔）、兴教寺玄奘塔和香积寺塔等；密檐式塔有西安荐福寺塔（小雁塔）、河南登封法王寺塔和云南大理崇圣寺千寻塔等。这些塔的平面都是方形，对木结构的模仿只是大体意会，不追求精细的形似。如层檐都用砖叠涩砌出，没有出挑斗拱，密檐塔各檐檐端连线为柔韧的曲线，楼阁塔的壁面也只有简单的壁柱和示意性的简单斗拱。唐代的塔体现了砖石结构的本色美，具有雄浑质朴的时代风格。

　　五代宋辽的塔遗存更多，方形平面已极少见，八角形最多，这个时期还留下了一座古代仅存的楼阁式木塔。在南方，还流行了砖身木檐的混合结构方式。塔的细部造型已渐趋细腻，并更多地表现了地方风格的不同。

　　北方的塔，性格倾向雄健浑朴，建于辽代的山西应县佛宫寺释迦塔，是中国古代建筑最重要的作品之一，木构八角5层6檐，层间各有暗层，故结构实为9层，采双层套筒柱网框架，高达67.3米，气势宏大，雄伟壮硕。北方仿木结构的楼阁式砖塔以河北定县宋代料敌塔和内

西安小雁塔

西安兴教寺玄奘塔

蒙古辽代庆州白塔为代表：前者高达84米，是中国最高的砖塔，没有过多的装饰，注意整体的韵味，格调昂扬健康；内部砖砌双层套筒是这个时期常见的方式，是对唐以前的单层筒结构的改进。后者模仿木构比较精细，但整体仍颇明朗简朴。北方的砖塔以密檐式更多，重要作品有北京天宁寺塔、辽宁北镇双塔、山西灵丘觉山寺塔等（均为辽代所建）。天宁寺塔八角13檐，高57.8米，其基台、基座、塔身、斗拱和各层檐都雕刻华丽并精细地模仿木构，而总体仍不失其雄壮豪放。

南方的塔倾向秀丽细巧，除南京栖霞寺五代一座小而精巧的密檐式石塔外，几乎全是楼阁式。与砖石结构同时，还流行砖心木檐的方式。砖塔如苏州五代灵岩寺塔，石塔如福建泉州南宋开元寺2座石塔。后者形象相近，均八角5层，高40余米，全塔用石材逼真地模仿木构，工程量巨大，但总体造型却注意不够，而且失却了石材建筑应有的风貌，艺术成就不高。砖心木檐的结构方式早在北朝敦煌壁画中已可见到，但当时未普遍采用，到这时才得以在南方流行，它是在希望保证塔的坚固性的同时又能显示轻盈外表的要求下的产物，其外观十分接近于木塔，重要实例有上海龙华塔（北宋）、苏州瑞光塔（北宋）、松江兴圣教寺塔（北宋）、苏州报恩寺塔（南宋）和杭州六和塔（南宋）等，除六和塔经后代改造已失原貌外，大都具有秀丽轻灵的风格。

元明清的传统佛塔已趋衰落，有艺术成就的不多。山西洪洞广胜上寺飞虹塔（明代），为楼阁式砖塔，轮廓收分过于峻急，但通体贴以彩色琉璃面砖显示了高度的工艺水平。从元代起，原在西藏流行的喇嘛塔传入华北，为佛塔又带来了一次新的崛起。单体塔重要作品有建于元代的北京妙应寺白塔，塔形如瓶，石心砖表，通体刷白而饰以金色铜制塔刹，高51米，庄严圣洁，纪念性和造型感都很强。群体塔为5塔组合的金刚宝座式，它在敦煌莫高窟的北朝壁画中已经出现过，系仿自印度佛陀迦耶大塔，原意是纪念佛的成道，实例以北京真觉寺明代所建的为最早，其构图形式用以表征喇嘛教的宇宙模式。同类塔在清代更多，著名的有北京碧云寺塔和西黄寺清净化城塔等。

除以上各种形式外，从塔的早期开始还有一种单层塔或称亭式塔，在敦煌、云冈等石窟的北魏壁画石刻中已可见到。隋代建造的山东济南历城区神通寺四门塔，是最早的实物遗存，石砌方形。河南登封净藏禅师墓塔为唐建，砖砌八角，是最早的八角塔。甘肃敦煌慈氏之塔为宋建，木造八角。此外，还有少数形制特殊的塔，如山东济南唐代九顶塔、敦煌宋代土砌华塔、正定广惠寺金代华塔等。

塔的体型高耸，形象突出，在建筑群的总体轮廓上起很大作用，丰富了城市的立体构图，装点了风景名胜。佛塔的意义实际上早已超出了宗教的规定，成了人们生活中的一个重要审美对象。

嵩岳寺塔

中国佛塔。位于河南省登封县嵩山嵩岳寺内，北魏正光四年（523）建，是现存中国最早的佛塔。塔为砖建密檐式，平面正十二角形，是中国佛塔仅见的平面形式。基座低平，底层特高，分上下两段：下段素平无华，仅在四面砌门，一直伸向上段，门

河南登封嵩岳寺塔

顶圆券，券上为印度尖卷门楣；上段其余八面各砌出1座单层印度窣堵波式方塔形壁龛，龛门也是圆券并有尖卷门楣，各面转角处砌壁柱，柱顶以宝珠、垂莲为饰。再上为叠涩砖砌密檐15层，檐间部分很短，每面各一小窗，多数是假窗。塔内中空直通到顶，底层下段平面正十二角形，以上都是正八角形，可能原有8层楼板，现已全毁。塔刹石制，在比例颇大的覆莲上承受相轮和宝珠。砖塔外表面原刷白色，现大部脱落，露出浅黄砖色。塔全高约40米，底层直径约10.6米。塔各层均向内收分，檐端连线柔和丰圆，形成全塔饱满韧健的动人轮廓，是此塔最成功的艺术处理。各檐叠涩轮廓为内凹曲线，也很富韵味。

神通寺四门塔

中国佛塔。位于山东省济南市历城区柳埠镇。隋大业七年（611）建，是现存最早的单层塔。塔全用青石砌成，平面方形，每边长7.38米。四面砌台阶，由圆券门通入塔内。内部中心有石砌方墩直通至顶，墩外四面各有圆雕坐佛像1尊及胁侍像2尊，像上有东魏年号，时在建塔以前，应是塔建成后移入者。塔壁简素无饰，上以5层叠涩挑出为檐，再以反叠涩砌成方锥台状屋顶，锥台上砌叠涩须弥座为刹座，座四角立石雕山花蕉叶饰，正中立5层相轮，形如圆筒，最后以宝珠结束。全高约13米。此塔以比例权衡适度而见长，极少使用装饰。不大的圆券门洞恰当地显示了全塔尺度；叠涩的出檐线和锥顶轮廓线都是微凹的曲线；轮廓较为丰富的塔顶，塔内精细的造像和简洁的塔身形成对比，刚柔相济，显示出一种朴质的本色美。

山东神通寺四门塔

单层塔又称亭式塔，在北朝石窟雕刻和壁画中所见已多，此塔与之相似。以后所存单层塔大多都是僧侣的墓塔。

慈恩寺塔

中国佛塔。又名大雁塔。唐代楼阁式砖塔的代表，位于陕西省西安市。塔初建于唐永徽三年（652）。当时慈恩寺主持高僧玄奘大法师为保护由印度带回的经籍，由高宗皇帝资助在寺内西院修建。原为5层，长安年间（701~704）倒塌，不久重建为10层，后只余7层，明万历年间（1573~1619）重修并包砌砖壁，但仍保留了唐代的构图。塔平面正方，下有扁平基台，砖塔表面每层以砖砌出仿木结构的方形壁柱、阑额，每层壁面分为数间，1、2层9间，3、4层7间，以上均5间，各层四面正中辟圆券门洞。檐以叠涩砌挑出。

西安慈恩寺塔

内部是砖砌空筒，各层有木楼板及木梯。塔通高约64米。塔底层四面券门均有青石半圆形门楣，上有佛教题材的精美线刻，西门楣刻一佛殿，是唐代建筑的重要资料。底层南面两侧镶砌唐代褚遂良书碑各一通。

崇圣寺千寻塔

中国佛塔。位于云南省大理市崇圣寺内。可能建于9世纪南诏晚期，相当于唐代后期。塔为密檐式，砖建，平面方形。塔下石砌基台低平，沿台边围石栏。台上砖砌须弥座式基座，高约2米。塔底层高13.45米，素洁无饰，仅西面开券门，以上接密檐16层，是中国佛塔层檐最多者。檐均以砖叠涩挑出，檐角微微翘起，檐间部分

云南崇圣寺三塔

很短，各面正中开券门或券窗，两侧附壁各砌单层小方塔。千寻塔塔刹已佚，塔心中空。塔全高达58米，通体刷白。

塔檐最宽处在二、三层，为12.7米，自此向上向下都逐渐收小，全塔体型较瘦高挺拔，轮廓略似菱形，其微凸弧线，颇富韵味，显示了唐代建筑匠师的造型能力。

千寻塔在寺院前（东）部，其后南北两侧各有1座较小的塔，约建于大理国时期，相当于宋代。两塔均砖砌楼阁式，平面八角。以上3塔呈品字形耸立在苍山洱海之间，互相呼应，构成一幅完美的画面。

开元寺料敌塔

中国佛塔。位于河北省定州市南门内开元寺中。宋咸平四年（1001）建，因当时定州与辽接境，是军事要地，高塔可供军队瞭望敌情，故以"料敌"名塔，又称开元寺塔。塔为砖建楼阁式，八角11层，通高达84米，是中国佛塔最高者。第1层较高，直径约25米，檐上有砖砌的斗拱和平座，以上各层只有砖檐，没有平座。塔内沿外侧一周为回廊，廊内砖壁砌出中心室，踏步砌在中心室内。结构为双层砖套筒，较唐以前的单层套筒坚固，同时也丰富了内部空间。各层外壁四正面辟门，四斜面除第1层外均砌窗，大部是假窗，浮雕几何纹窗棂。全塔壁面均刷白色。塔顶在仰莲座上置覆钵，上接承露盘和铜宝珠2枚。全塔以比例匀称见长，各层塔身高度和直径均随层数增加而减少，其减少数并非各层一致而呈有韵律的变化，故檐端连线曲柔有力。此塔比例较高，但并不过瘦，显得挺拔而雄健；细部也很有节制，不过

河北定州开元寺料敌塔

事增华。如砖檐都用叠涩砌法，没有模仿繁细的斗拱，格调昂扬健康，与同时代江南诸塔的秀丽轻盈相映，说明了南北地方风格的不同。

佛宫寺释迦塔

中国佛塔。又称应县木塔。位于山西省应县城内佛宫寺。辽清宁二年（1056）建，是中国现存唯一的楼阁式木塔，也是现存世界上最高的木结构建筑。佛宫寺位于今应县城内中心偏西北，塔在寺内前部中心，前为山门，后面砖台上原有佛殿，是中心塔式佛寺布局。应县西、北两面城墙曾向内退进许多，若依当时城墙情况，塔几乎位于城市中心。高塔突出于众屋以上，暖红的色调与灰黄色的居民店铺形成对比，是城市最显著的构图中心。

塔下有2层砖砌基台，塔体平面八角形，外观5层，底层扩出一重副阶（围绕主体的一圈外廊），副阶也有屋顶，故有六重屋檐。上面4层，每层下都有1个暗层，所以内部结构实为9层。暗层在外观是每层塔身和下层腰檐之间的平座。第1层平面副阶以内是外壁、回廊（廊内设木梯）、内壁和八角形塔心室，室内有高达12米的彩塑佛像，光线幽暗，大佛全身在黑暗中熠熠闪光，富于宗教的神秘感。在外墙正门两侧，墙壁伸向副阶，形成一个小小门厅，是为了加长佛前的空间以便瞻视，手法十分简洁。以上各层相应于下层的外墙、内墙有内外两圈柱子，构成双层套筒。外层每面3间，共24根檐柱，四正面为门窗，四斜面原设计是墙，墙内隐有斜撑，以加强塔的稳定，后来也都改成为门窗。内

山西佛宫寺释迦塔

层每面1间，共8柱，它所围的空间每层都有佛坛佛像，中心上部置藻井。内柱之间无墙，只有栅栏区隔，光线明亮。各层柱子都有侧脚（即柱子向内略侧），平面尺寸由下而上逐层减小，体形稳定，底层扩出的副阶及其屋檐更加强了这种稳定感。楼梯在外圈套筒里逐层旋转而上。

塔平面直径在底层外檐柱处接近24米，副阶柱处为30.27米。塔全高包括2层台基和塔刹为67.3米，约为副阶直径的2倍许，不过于瘦高，显得雄伟庄重。释迦塔的平座在造型上特别重要。平座以其横平的方向与腰檐取得一致而与塔身形成对比；又以其材料、色彩和手法与塔身取得一致而与腰檐形成对比，是腰檐和塔身的必要过渡。平座、塔身和腰檐层层重叠而上，强调了节奏，每层尺寸收小，富于韵律感；同时各层有了平座，区隔更为分明，对于明确整体秩序，也起很大的作用。平座层设回廊栏杆，突出塔身以外，大大丰富了塔的轮廓线。平座又增加了横向线条，5层的塔共有塔檐、副阶檐、平座和台基12条水平线，与大地平行，在观感上加强了塔和大地的关系，显得稳妥安定，平实含蓄。微微有些角翘的各檐和全塔的风格十分谐调。

北京天宁寺塔

中国佛塔。位于北京市广安门外。辽末（11、12世纪之交）建，明代时有修改，但整体仍是辽代风格。塔为密檐式，砖建，八角13檐，总高57.8米。塔建在方形大平台上，基座为须弥座，座上叠砌束腰一道，再以斗拱挑出平座，周绕栏杆，上以3层仰莲承塔身。第1层塔身特高，四正面辟半圆拱门，四斜面为直棂窗，但塔为实心，故门、窗都是浮雕。门、窗两侧都有佛教造像雕

北京天宁寺塔

刻，各面转角砌角柱，以砖精确模仿木结构的斗拱挑出塔檐，并刻出仿木结构的椽子望板。以上各层密接，斗拱、椽、望板手法一如底层，檐端连线微有收分。塔刹为仰莲上置宝珠，比例壮硕。

天宁寺塔是雄健和细密两种风格的混合体：一方面，整体庄重雄伟的体型、高大的基座、劲挺的塔身，角翘甚微的层檐和敦厚的塔刹都显示了豪健的气质；另一方面，细部又十分繁复细密。但前者仍属主流，总体予人以明朗健康的印象。

苏州报恩寺塔

中国佛塔。又称北寺塔。位于江苏省苏州市内北部偏西报恩寺中。南宋绍兴年间（1131～1162）建。报恩寺传始建于三国吴，南朝梁时建有11层塔，北宋焚；元丰年间（1078～1085）重建为9层，南宋建炎四年（1130）在宋金战中复毁；绍兴时重建，即此塔。塔身的木构部分为清末重修，已不全是原貌。此塔曾刻入南宋绍定四年（1229）的《平江图》碑中。塔正当平江（即今苏州）最主要的南北向大街北端，成为大街的对景。寺南向，塔在大殿以北中轴线上，八角9层，砖身木檐混合结构，砖构双层套筒塔身，在内、外塔壁之间为回廊，内壁之中为方形塔心室，经由2或4条过道通向回廊，梯级设在回廊中。回廊地面为木楼板上铺砖，楼板由下层内、外壁伸出的叠涩砖支承。回廊、塔心室和过道均以砖砌出仿木结构的壁柱、斗拱或藻井。塔外各层塔身以砖柱分为3间，当心间设门，塔身以下为木结构平座回廊，绕以栏杆，栏杆柱升起承托塔身上的木檐，柱分每面为3间。底层之檐在重修时被接长成为副阶。全塔连同铁制塔刹共高约76米，其中塔刹占全高约1/5，底层副阶柱处平面直径约30米，外壁处直径17米。尺度巨大，但比例并不壮硕，翘起甚高的屋角、瘦长的塔刹，使全塔在宏伟中又蕴含着秀逸的风姿。

广惠寺华塔

中国佛塔。位于河北省正定县南门内东侧。金大定年间（1161～1189）建。华塔由毗连5塔组成，皆砖建。中央主塔最大，为楼阁式八角3层，每层间各有斗拱支承的腰檐和平座。底层四正面砌圆拱门通入塔内回廊和塔心室，四斜面毗连小塔。第2层以壁柱每面分作3间，四正面当心间为方门，余两间及四斜面各间都是假窗。第3层骤然收小，各面只1间，南向正面为门，其余三正面为假门，四斜面为假窗。

河北广惠寺华塔

再上是圆锥状的巨大塔顶，下部宽度同第3层，轮廓微凸，表面依八面八角的对位关系以砖心泥塑塑出莲瓣、单层小方塔及狮、象等，各莲瓣和小塔上下相错。锥顶以斗拱支承的八角伞形屋顶结束，顶尖已佚，通高40.5米。四隅小塔平面为长六角形，单层亭式。向外一面有圆拱门进入内部，再以过道和主塔回廊相连。

这种5塔组合的方式与金刚宝座塔形制相近，而其浮塑莲瓣和小塔的圆锥状塔顶，有的研究者认为是象征《华严经》所描述的"莲华藏世界"。与此塔顶相类的塔还有多处，如敦煌成城湾土塔（北宋）、河北丰润车轴山寿峰寺药师灵塔（辽）、北京长辛店镇岗塔（金）等，都可名之为华塔。

开元寺双石塔

中国佛塔。位于福建省泉州市开元寺内。寺南向，塔在大殿前分列东西，西塔名仁寿塔，南宋嘉熙元年（1237）建；东塔名镇国塔，南宋淳祐十年（1250）建。双塔相距约200米，对峙在大殿前，与大殿鼎足而立，是城市的重要景观。

双塔全部用石材建造，仿木构楼阁式，皆八角5层，形式几乎完全相同，仅高度和斗拱略有不同。西塔高44.06米，东塔高48.24米。基台是扁平而宽的须弥座，上多雕饰，平面八角，四正面砌台阶，座周护以简洁石栏。各层塔身之间有腰檐，但无平座，每面1间，在转角处砌角柱，柱间刻阑额、斗拱支承腰檐。4个相向面开门，另四面设佛龛，各层门、龛位置上下交错，门、龛侧均有立柱和横枋，并在壁面浮雕佛教造像。腰檐也用石材雕出角梁、板桷和筒、板瓦的屋面，檐角起翘明显。上层壁面较下层退进，在腰檐脊上砌石栏，形成外走道。塔刹金属制，重叠相轮，颇细瘦，均占全塔总高1/4，刹顶有铁链8条垂向屋顶八角。内部围绕中心的八角实心石柱为回廊，回廊条石地面由下层外壁和石柱叠涩支承，架木梯上下。

两塔精确地模仿木构构件，却忽视了石建筑应有的权衡，比例也推敲不精。如腰檐短窄，仰视不易见到屋面；檐子细弱而承以硕大斗拱；塔刹过瘦且与塔顶没有稳定的过渡等。但两塔在城市景观上有重要作用，施工精细，并附有许多精美浮雕，仍有一定的艺术价值。

泉州开元寺双塔

妙应寺白塔

中国佛塔。位于北京市阜成门内妙应寺中。元至元八年（1271）建，是内地最早的喇嘛塔。妙应寺初名大圣寿万安寺，白塔名"释迦舍利灵通之塔"。塔在妙应寺中轴线上，塔下有1层基台和重叠的2层基座，基台平面为折角方形，台壁垂直，在正面（南）台壁左右对称地设上台的踏步。基座为须弥座，平面也是折角方形，比基台收进，上层基座再收进少许。再上为平面圆形的覆钵形塔身，坐落在比例硕大的覆莲和数层水平线道上。塔身石心砖表，实心，比例粗壮，肩部圆转后向下以斜线内收。塔身表面原有宝珠、莲花的雕刻并垂挂缨络，现皆不存。再上为缩小的折角方形须弥座的塔颈子和13层实心相轮，相轮收分显著。塔顶为青铜制巨大宝盖及盖上的小铜塔，盖周垂挂流苏状的镂空铜片和铜铃。塔通高50.86米。全塔又坐落在一丁字形的大台上，丁字的一竖向前，正面设踏步，上建小殿；丁字各转角处共建6处小方亭。除塔顶外，全塔包砖面涂白色，塔顶

北京妙应寺白塔

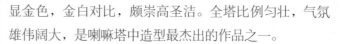

显金色，金白对比，颇崇高圣洁。全塔比例匀壮，气氛雄伟阔大，是喇嘛塔中造型最杰出的作品之一。

喇嘛塔俗称瓶形塔，据称系仿自"军持"（梵文音译，即贮水以备净手的净瓶）的形象，但在喇嘛教产生以前中国已有类似塔形的图像或模仿品，可见于甘肃酒泉出土的北凉小石塔或敦煌唐代壁画，它仍是印度半球形窣堵波的变形。

真觉寺金刚宝座塔

中国佛塔。位于北京市西直门外。明成化九年（1473）建，是中国现存最早的金刚宝座式塔实物。真觉寺又名正觉寺、五塔寺，与塔同时建成；南向，塔位于寺院前、后大殿之间。据载此塔是依照"西番"僧人提供的中印度金刚宝座规式建造的。

金刚宝座塔是一种由5塔构成的群塔组合形式。真觉寺金刚宝座塔的5塔立在1座高台座上。座平面方形略纵长，下有低平台基。座为砖砌包石，前后开券门通向座内回廊，廊内为方形实体，四面中央开佛龛。南券门与回廊之间砌1小方厅，厅左右壁砌梯级盘旋上至台顶。座外立面下为布满浮雕的须弥座，以上壁面伸出5条水平短檐，檐间5层壁面按每层1列满刻佛龛，座通高7.7米。座上5塔1亭。5塔皆石砌，中塔最高，计8米余，方形13层密檐，底层及檐间满饰浮雕，顶为1小型瓶形喇嘛塔；四隅4塔形象同中塔，但

北京真觉寺金刚宝座塔

较低，仅11层檐；在中塔前（南）立1亭，是上台梯级的出口。

全塔雕饰都是喇嘛教题材，如佛八宝、梵文、小佛

像、天王、罗汉等，细腻生动。

金刚宝座塔的塔形最早是印度公元前建造的佛陀迦耶大塔，含义为纪念释迦成道。中国敦煌石窟北周壁画中已见画出，北朝及以后在石窟和塔中还可见到类似的组合，但明确称之为金刚宝座塔的以此塔为最早，含义已掺进了喇嘛教关于宇宙模式的概念。

广胜上寺飞虹塔

中国佛塔。位于山西省洪洞县霍山广胜上寺内，明正德十年至嘉靖六年（1515～1527）建。广胜上寺南向，塔位于山门、大殿之间带垂花门的塔院中心。塔为楼阁式砖塔，八角13层。底层在砖檐以下有明天启二年（1622）加建的木构围廊，廊南面正中出抱厦，上交十字脊屋顶，塔通体贴以彩色琉璃面砖和琉璃瓦。各层转角处砌隔柱，柱间连阑额、普拍枋和分作3间的垂莲柱。正中1间砌门，门脸砌花饰琉璃砖带，檐下或是繁复的斗拱，或是仰莲瓣。此外，壁面上还饰以团龙、佛教人物、宝瓶、圆形或方形的饰件等，均为琉璃浮雕。全塔以黄色为主，瓦顶、壁面都是黄色，花饰多是绿色或黄绿交织或杂以少量蓝色。立面上下檐收分颇急，最上层檐的直径仅及下者1/3强，檐端连线为一斜线，较板滞峻急。塔全高47.63米，内部底层塔心室内有甚大的坐佛像，其余皆砖砌实心，但有窄小陡峻的阶道可上。

山西广胜上寺飞虹塔

全塔的比例权衡不甚出色，彩色琉璃装饰也繁缛过甚，各饰件之间稍失组织，甚至各檐做法也有不同，颇欠统一之美，但就琉璃的质地、色彩和塑造技艺而言，则代表了山西传统琉璃工艺的最高水平。

景洪曼菲龙塔

中国佛塔。位于云南省西双版纳景洪县曼菲龙村。约17世纪中叶建，塔建在曼菲龙村后高约100米的小山顶上，是9塔组合而成的群塔。9塔共同坐落在同一基座上，座下有2层每层高20～30厘米的圆形石砌基台。基座形制特殊，分上下两段。下段为圆形平面须弥座；上段呈放射状排列8个山面向外的两披顶小龛，龛下的须弥座随龛身略向前伸出。龛内原有坐佛，已佚，内壁贴影塑小千佛，涂彩。以上为由8座小塔围绕中心大塔组成，9塔均圆形平面。主塔本身有仰莲基座，塔身由3层逐层缩小减低的须弥座叠成，塔顶似一覆置的长柄喇叭，以柄为刹，串金属相轮多重。小塔的塔身只是1层须弥座，余同大塔。8座小塔和8个小龛对位，二者之间做出船首形为过渡，交接巧妙自然。塔全为砖砌，以石灰砂浆砌筑并抹面，刷白色，只在小龛内显出彩色，通高13米余。

云南景洪景洪曼菲龙塔

曼菲龙塔秀丽玲珑、精巧华美，造型感很强，傣族称之为"塔诺"，"诺"即竹笋之意，9塔拥立如出土春笋，是傣族优秀的建筑艺术作品之一。傣族信奉小乘佛教，曼菲龙塔与邻近的泰国、缅甸等小乘佛教国家的塔形相似。

西黄寺清净化城塔

中国佛塔。又称西黄寺塔、班禅塔。位于北京市北德胜门外西黄寺内，清乾隆四十七年（1782）建。

西黄寺建于清顺治九年（1652）前，西藏五世达赖和六世班禅进京皆驻此地，六世班禅于乾隆四十五年逝于此寺，故建此塔安葬他的衣履。塔位于寺院后部中轴线上。塔为5层组合的金刚宝座塔式，有两层基台，下层方形，砖砌，周绕琉璃砖砌栏杆，正面建白石牌坊；上层折角方形，正面砌台阶，周围白石栏杆。中心大塔是传统的瓶形喇嘛塔，下段是颇高的八角形须弥座基台，满饰复杂的浮雕。座上为折角方形基座，再上是覆莲上的塔身、收缩的塔脖子、带双耳的相轮和刹顶，塔身正面浮雕佛龛和3身坐佛。此塔比例和谐，造型端丽，色彩处理也很出色：相轮和相轮以上为铜质鎏金，其他用汉白玉雕造，金白辉映，庄重纯洁，纪念性很强。四角的小塔为八角经幢形，也用白石雕造，体量较小以突出中央大塔。

北京西黄寺清净化城塔

整组塔群以多变的体型和大小及色彩的对比造成了生动丰富的轮廓线，雕饰用得颇有节制，风格端丽而尊贵。

中国道教建筑

中国道教供奉神像和进行宗教活动的庙宇。通常称为宫、观、庙。道教建筑主要是庙宇建筑组群，宋以后也有极少数的石窟和塔。由于祭祀名山大川、土地城隍等神祇的祠庙历来都由道士主持，所以许多这类祠庙也成为道教建筑。

道教起源于民间巫教和神仙方术，初步形成于东汉末年，本身没有成熟的宗教理论。南北朝佛教极盛，道教模仿佛教，宗教形态趋于完备。唐朝奉老子李耳为先祖，上尊号为"太上玄元皇帝"，俗称"太上老君"，成为与佛教释迦牟尼同等地位的天神；同时，将历史的和传说中的人物，以及祠祀中的自然界神祇纳入道教神的系统，道教宫观供奉的内容得以和佛教寺院匹敌。唐朝命各州建佛寺，同时也建道观一所。唐长安城内有大道观10余所，其中著名的有玄宗之女金仙、玉真两公主出家为女冠的两道观；还有位于城市中心大道旁，占地达一坊的玄都观。宋朝更重道教，宋真宗时，各主要祠庙都是道观，其中玉清昭应宫为天下最大最华丽的道观，有建筑2620间。唐宋以后，道教继续发展。金大定七年（1167）王嚞（重阳）创全真教派，其徒邱处机得成吉思汗礼遇，道教盛极一时。明清以后逐渐式微。

北京白云观牌楼

道教的许多宗教仪轨模仿佛教，所以道观建筑与佛寺基本相同，没有特别的宗教特征。如佛寺山门设两金刚力士，道观设龙虎神像；佛寺天王殿设四天王，道观设四值功曹像；佛寺大雄宝殿供三世佛，道观三清殿供老子一气化三清像；佛寺有戒坛、转轮藏，道观也有同类建筑等。但道观中没有佛寺中某些特殊的建筑，如大佛阁、五百罗汉堂、金刚宝座塔等。除此以外，道观中的塑像与壁画的题材多为世俗常见，建筑风格也比较接近世俗建筑，因此它的宗教气氛不如佛寺浓厚。

现存道教宫观大部分为明清时重建，早期遗物很少。重要的有，苏州城内玄妙观大殿，北宋创建，南宋淳熙六年（1179）重建，面阔9间，进深6间，重檐九脊顶，规模巨大，从中可见宋代道观的一般规模；福建莆田县玄妙观，始创于唐，后代多次重修，现存建筑不迟于宋；山西永济县永乐镇的永乐宫，始建于唐代，元中统三年（1262）重建，现存有4座大殿等主要建筑，较完整地保留了元代建筑的风貌，后因黄河水利工程于1959年迁至芮城县；山西晋城府城村玉皇庙，也尚存一部分宋元建筑，其中二十八宿塑像，造型生动，技法纯熟，是元代泥塑的精品。明清遗留的著名道观较多，如北京白云观，江西贵溪市龙虎山正一观，陕西周至县秦岭北麓楼台观，四川成都青羊宫等，都很著名。山林道观也有许多艺术水平较高的遗物，最著名的有青城山、崂山和武当山等。青城山在四川省灌县西南面，为道教发祥地之一，历代道观林立，现尚存38处；崂山在山东省青岛市以东临海处，山多奇岩怪石，现存大中型道观10余处；武当山在湖北省西北部，历代均为道教名山，宫观规模巨大，主峰金殿与紫金城尤为华贵。山林道观多结合奇秀险怪的山形地势建造，不仅本身空间灵活，造型优美，而且构成了大面积的环境艺术。

永乐宫

中国元代道教宫观。又称纯阳宫。宫址原在山西永济县的永乐镇，因兴修黄河三门峡水利工程，1959年按原样改迁到芮城县北龙泉村五龙庙附近。

永乐宫相传是道教祖师之一唐代吕洞宾的故居，初为吕公祠，金末改祠为观，后毁于火。元中统三年（1262）部分重建，名大纯阳万寿宫，后称永乐宫。从重建到竣工，前后达110多年。现存主体建筑5座，除宫门为清代建筑外，其余龙虎殿（无极门）、三清殿（无极殿）、纯阳殿（混成殿）、重阳殿（七真殿、袭明殿）等4座建筑仍保持元代建筑面貌。诸殿排列于一条中轴线

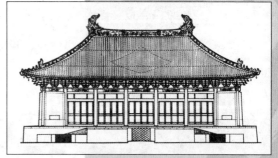

永乐宫三清殿正立面图

97

上，三清殿最大，位置亦在前，与一般庙宇不同，而与皇宫设置近似。各殿内部较完整地保存有精美的元代道教壁画。

龙虎殿 为原宫门。殿基高峙成凹形，后檐踏道向内收缩，殿身宽5间，深6椽，中柱上3间暗门，稍间筑隔壁，檐头斗拱挑承，梁架露明。在后面稍间绘有神荼、郁垒、神吏、神将等像，人物横眉怒目，甲胄森严，手持剑戟等器，威风凛然。画面有残缺，原作气魄犹存。

三清殿 为永乐宫主殿。面阔7间，深4间，8架椽，单檐无脊顶。台基高大，月台宽阔，殿宇雄伟壮观。殿内减柱式，空间敞朗。藻井镂刻盘龙，构件施彩绘。四壁彩绘《朝元图》，画面以8个作冕旒装的主像为中心，四周围以金童玉女、天丁力士、仙侯仙伯、帝君宿星等各种神祇286尊。人物分3～4层安排，脚蹬云气，头顶祥云，构成高4.26米、长94.68米、气势磅礴、场面壮阔的人物行列。

山西永乐宫三清殿

如此众多的神祇群像均具鲜明个性，神态刻画严谨工致，一丝不苟。如帝君的肃穆庄重，玉女的温文秀雅，真人的翩翩欲飞，天丁力士的威武刚猛，都被表现得性格鲜明，形神兼备。浩大的人物行列，通过人物间的转身对语、左右顾盼、沉思注视、侧耳聆听，寓复杂于单纯之中，在统一中求变化，使之成为一个相互呼应的群体。画法采用重彩勾填的传统方法，长达数米的线条刚劲而流畅。设色以石青石绿为主，绚丽而纯朴浑厚，富有装饰性。同时还运用沥粉贴金的方法，突出长袖、缨络和花钿的立体感，使画面主次分明。该殿壁画由洛阳马君祥父子等人于1325

年完成。

纯阳殿 位于三清殿北,有甬道与三清殿相连,殿基凸起,殿身宽5间,进深3间,8架橡,单檐9脊顶。殿四壁及扇面墙上彩绘《纯阳帝君仙游显化图》,描绘了吕洞宾从咸阳降生、赴考、得道、离家到超度凡人、游戏红尘等传说故事52幅,把吕洞宾的一生巧妙地穿插在一个整体感很强的逐幅连续的大构图中,结构谨严,相互间用山水云雾、树石楼房等自然景色隔连。壁画内容包罗万象,有亭台楼阁、山野村舍、舟船、茶肆、私塾、园林,又有贵官学士、商贾农夫、乞丐等人物,是研究元代社会的形象资料。扇面墙背面绘《钟离权度吕洞宾图》,图中人物的性格特征、神情以及内心活动,刻画得更为精微。该殿壁画是由画工朱好古、门人张遵礼等人于1358年绘制的。

重阳殿 在永乐宫后部,有甬道与纯阳殿相通。殿身5开间,6架橡,单檐歇山顶,殿内4根金柱分布稍间,纵向用额枋承托,头有斗拱,梁架露明。殿四壁画王重阳的故事传说,表现王重阳从降生到度化七真人成道内容,共49幅。亦采用连环形式,寓众多内容于一壁,与纯阳殿类似。壁画有榜题。扇面墙背面绘诸神朝拜三清图像,主像在上,众神祇持笏板恭贺,两侧仙女分列,人物造型生动。壁画风格近似纯阳殿壁画。

白云观

中国道教全真道宫观。位于北京市西城区西便门外。始建于唐,唐皇室因姓李,尊老子为其始祖,遂奉老子为"太上玄元皇帝"。开元十年（722）,玄宗诏两京及诸州各建玄元皇帝庙一座,开元二十七年,幽州玄元庙建成,后改名天长观,金正隆五年（1160）毁于火。金世宗时,重修扩建,更名为十方大天长观,是当时北方道教全真派的最大丛林,并藏有《大金玄都宝藏》。金章宗泰和二年（1202）再次被焚,次年,在原址上重建太极宫。正大元年（1224）,邱处机自雪山回京后居太极宫,元太祖因其道号长春子,诏改太极宫为长春宫。自此,长春宫成为道教全真龙门派的祖庭。元太祖二十二年（1227）邱处机羽化,安葬于观内处顺堂下。元末长春宫焚毁,明永乐年间（1403~1424）以处顺堂为中心,重建山门、延庆殿、玉皇阁、三清殿。英宗正统八年（1443）赐名白云观。清康熙四十五年（1706）又修彩绘牌楼、灵官殿、玉皇殿、老律堂、邱祖殿和三清四御殿等。

北京白云观山门

乾隆、嘉庆年间又建西路元君殿、八仙殿。光绪十三年（1887）建小蓬莱（又称云集园）。1956、1981年两次规模较大的修葺，近年来又多次粉刷一新，2001年被国务院公布为全国重点文物保护单位。1957年中国道教协会成立后，即为协会会址。1990年又于此创办中国道教学院。现观内收藏许多珍贵文物，其中有唐代天长观遗物汉白玉刻老子座像一尊，元代大书法家赵孟頫手书《道德》、《阴符》二经刻石及"万古长青"四个大字。还保存有康熙、乾隆、慈禧等墨宝赐物，以及一大批神像画、神器等。白云观自开放以来，一直是北京一大游览胜地，除道教法会外，每年春节观内均举行盛大庙会，与民同乐。另外，上海有海上白云观。

中国伊斯兰教建筑

中国伊斯兰教的宗教建筑，包括礼拜寺（清真寺）、教经堂、教长墓等几个类型。伊斯兰教大约在唐代传入中国，先后为回、维吾尔、撒拉等民族所信仰。中国伊斯兰教建筑有2个体系：①以广大内地的回族为主的礼拜寺和教长墓（拱北）为代表；②以维吾尔族为主的礼拜寺和陵墓（玛札）为代表。因宗教需要，一般礼拜寺由礼拜殿（祈祷堂）、唤醒楼（拜克楼）、浴室、教长室、经学校、大门等建筑组成。唤醒楼即中亚礼拜寺中的密那楼（Minaret），原是塔形，称密那塔，或按波斯语称帮克塔，为呼唤教民做礼拜的建筑，因为体形高耸，也成了伊斯兰教特有的标志。礼拜殿一定要坐西朝东，这是为使教民做礼拜时面向西方的麦加。寺内装饰不用动物题材，而用几何形、植物花纹及阿拉伯文字的图案。

早期的伊斯兰教建筑，直接采用或深受中亚建筑的影响。如福建省泉州市的清净寺，用灰绿色砂石砌筑高大的穹窿顶尖拱门，礼拜殿横向布置，窗户无装饰，内部有尖拱形壁龛，用阿拉伯文的铭刻等，风格与中亚建筑相似。浙江省杭州市的凤凰寺，建于宋元时期，后经多次重修，礼拜殿内有3个半球形穹窿顶，入口大门用圆拱，两边有小尖塔，显然受到阿拉伯建筑的影响。但3个穹窿顶上面覆盖着传统的八角、六角攒尖瓦顶，说明它又接受了中国传统的建筑形式。至迟在明代初年，内地的伊斯兰教建筑从总体布局到单座建筑的形体、结构、用料，均已大量融进甚至接受当地的传统，如讲究纵轴对称，采用院落布置，增加影壁、牌坊、碑亭、香炉等建筑小品。礼拜殿是主体建筑，体量最大，布置在中轴的最后面，内部空间纵深，用传统的木构架，屋顶用2或3个勾连搭。唤醒楼也做成传统多层楼阁形式。在建筑内部，特别是礼拜殿内部，则采用尖拱，以阿拉伯文、几何形或植物纹加以装饰。

新疆地区的伊斯兰教建筑，结合当地原有的木柱密梁平顶和土坯拱及穹窿顶的结构方式，又吸取中亚的某些手法，而创造出布局自由灵活，装饰和色彩都很丰富的地区民族风格。如建筑布局虽为院落式，但总体无明确轴线，比较灵活。礼拜殿是横宽形，有后殿（冬季用）和前廊（夏季用）之分，多使用拱券、穹窿顶和尖塔，墙面或穹窿顶多贴蓝绿色琉璃砖。内部多用石膏花饰，木梁柱上施雕饰，密肋顶棚绘彩画，装饰题材为几何图案及卷草花纹或葡萄花卉等。

宁夏银川南关清真大寺

清净寺

中国最早的清真寺之一。位于福建省泉州市内。相传回历400年，即北宋大中祥符二年（1009）建，元至大二年（1309）重修，今仅保留大门、主殿奉天坛遗址及明善堂、认主归一堂等建筑。寺坐落在东西向街道的北侧，东面是南向寺门；西面即主殿，东向；西北角为明善堂；北面的认主归一堂也是坐西朝东。

现存大门及主殿遗址全部石造，主殿屋顶虽早已毁圮，看不出全貌，但从其布局及遗存的细部做法看，是采用中亚的建筑式样。大门高20米，宽4.5米，用青、白花岗石砌成，入口凹进，分外中内三重，皆用圆形穹顶尖拱门，巍峨壮观。大门顶部为平台，有台阶登升，作唤醒楼用。平台三面围筑回字形垛口，有如城堞。主殿奉天坛平面为横长方形，四周石墙，东墙辟1尖拱形正门，南墙开8个长方形大窗，北墙开1门，西墙中部向外凸出，为讲经坛，坛正面为1尖拱形大壁龛，左右各辟1门。讲经坛前面，即大殿的西墙上共有6个小壁龛和4座长方形门。南墙外壁窗上及室内大小壁龛上，均有古阿拉伯文字的石刻经句。

福建清净寺大门

牛街清真寺

中国北京市内最大的回族清真寺。位于北京外城西南部。相传10世纪末建，明清两代时扩建和重修，全寺由礼拜殿、唤醒楼、望月楼、讲堂、浴室、牌坊、影壁等组成。按传统做法，依一条东西轴线构成整体院落组群。据伊斯兰教义，礼拜殿应坐西向东，但寺在路东，正门在礼拜殿后面，故进入寺门以后，在礼拜殿南侧另辟一条过道，绕至礼拜殿前的院落。这是因具体地形限制而采取的一种倒卷帘式的布局手法。寺门由影壁、牌坊及后面的六角2层攒尖式阁楼——望月楼等组成，体量、轮廓参差有致。礼拜殿前的院落东面是方形2层歇山式楼阁——唤醒楼，西面是礼拜殿，南北是小型建筑讲堂和碑亭。高阁和庞大的殿堂互相呼应，院内气氛庄重严肃。

北京牛街清真寺

　　寺内的建筑均采用北京地区传统的木结构做法，但在主殿的细部装饰上，则突出了伊斯兰教的特点。如在大殿的梁柱间使用尖拱形装饰，天花和梁柱上的彩画使用了阿拉伯文和几何形线纹饰。

华觉巷清真寺

　　中国现存规模最大的回族清真寺。位于陕西省西安市。建于明代初年。主要建筑有礼拜殿、唤醒楼、浴室、教长室、讲堂、大门等，此外还有影壁、牌坊、碑亭等附属建筑。建筑沿东西轴线组成4组院落，其中重要的及带有纪念性的建筑放在中轴线上，主体建筑礼拜殿布置在最后面。线轴最东（前）面由影壁与大门组成第1进院，中间有1座木牌坊。大门与二门之间为第2进院，中间有1座石牌坊。第3院中间有省心楼，即一般清真寺里的唤醒楼，八角3层攒尖顶，两厢是浴室、讲堂和教长室。最后院的院中是凤凰亭，亭后是礼拜殿，殿前有宽敞的月台。礼拜殿由前廊、主殿及后殿3个部分组成，屋顶为歇山式前后勾连搭，室内装饰最富有伊斯兰教特色，以暗红、棕、金色的卷草纹及阿拉伯文字组成繁密的图案，在殿内暗弱的光线下，给深邃的殿堂造成一种低沉神秘的气氛。

寺内的影壁、牌坊、墙头、梁柱等上面，有丰富精美的砖木雕饰，题材均为伊斯兰教传统的几何纹及荷莲等植物纹，也有花瓶、博古等图案，构图生动，刀法流畅，艺术价值很高。

艾提卡尔礼拜寺

中国最大的伊斯兰教礼拜寺。位于新疆维吾尔自治区南部喀什市艾提卡尔广场西面。原为一座小寺，始建于1798年，中经多次扩建，现有规模形成于1874年。全寺由大门、讲经室、礼拜殿、教长室等组成一个不对称的大院落。

大门入口在东面，礼拜殿在西面，两侧是教职人员学习进修的用房。院中有一座水池，并广植林木，使宽敞的内院不显空旷。大门门楼正中，有高近10米的尖拱门洞，尖拱两侧及上部墙面，有一些小壁龛。门楼左右各有一座高10余米的塔楼，两塔的直径和与门楼的距离都不等，左面塔楼较粗，距门楼较近；右面塔楼较细，距门楼稍远。

新疆自治区艾提卡尔礼拜寺

两塔楼用墙体和门楼相连，墙面上有尖拱形壁龛，形状与大门入口的尖拱相同，而成为一整体。门楼及塔楼的尺度很大，比例恰当，外部均为米黄色；门楼与塔楼不用对称而用均衡的手法，取得雄伟、端庄大方而又带有活泼气氛的艺术效果。

礼拜殿坐西向东，规模巨大，面阔38间，宽约140米，进深16米，分内外殿。内殿由四周墙壁封闭，外殿为敞廊式。建筑内木柱为维吾尔族传统的民族形式，比例恰当，挺拔纤秀，涂绿色，并有雕花。密肋天棚涂成白色，殿内气氛淡雅、肃穆。在部分天棚中，有绘制花卉图案的藻井，使整个白基调的天棚有一定变化，打破殿内过分单调的气氛。内墙面白色，窗间墙使用传统的尖拱形壁龛，富有变化。

中国陵墓建筑

　　中国古代埋葬帝王、后妃的坟墓和祭祀建筑群。它与宫殿、坛庙一样，都属于政治性很强的大型纪念建筑，体现了奴隶制、封建制王朝的政治制度和伦理观念。

　　建筑形制和沿革　远古时代，殉葬制度简单。《礼记·檀弓》载："古也，墓而不坟；"《易·系辞》载："古之葬者，厚衣之以薪，葬之中野，不封不树。"商代已很重视埋葬制度。至迟在周代就把殡葬制度纳入朝廷礼制范围。《周礼·春官》载"冢人"的职责为："掌公墓之地，辨其兆域而为之图，先王之葬居中。……以爵等为丘封之度，与其树数。……正墓位，跸墓域，守墓禁。"现知最早的地上王墓遗存，比较典型的是河北省平山县战国时期的中山国王墓，墓上有坟丘，坟顶有寝殿遗迹，坟上可能遍植树木。陕西省临潼县骊山秦始皇陵，规划和造型都很严格整齐。陵丘为3层方形夯土台，顶部建有寝殿；坟上遍植柏树，以象征山林。古代帝王坟墓通称陵寝，又称山陵，即从这种形象而来。秦始

北京明十三陵神道

皇陵周围有2层围墙，围墙正中建门阙，整齐对称；陵墙外还有规模宏大的兵马俑坑。汉承秦制。西汉陵墓大部分位于长安西北咸阳至兴平一带，陵丘都是正方形截锥体，称为方上。陵上面建寝殿，四周建围墙，呈十字轴线对称。帝陵旁还有后妃、功臣贵戚的坟墓，形式与帝陵相似，但规模大为减小。帝陵周围还建有官署、贵戚宅第、苑囿，外绕城墙，称为陵邑，是一种很特别的贵族居住区。东汉帝陵大部分集中在汉魏洛阳故城北邙山上，形制继承西汉，但体量缩小，而且没有陵邑。南朝帝陵规模不大，坟丘上不建寝殿，但开始在陵前设置纵深的神道，神道两侧对称排列石刻的麒麟（辟邪）、墓表和碑。唐代陵墓是汉陵以后的又一种典型形式。唐代18处陵墓中有15处是利用自然山丘作为陵体，周围建方形陵墙，四面正中建阙门，外置石狮，正南设置很长的神道，南端建大阙门。两侧布置石人、石马、朱雀、华表等。陵顶不建寝殿，而改在门内设献殿。五代十国帝陵规模都不大，从已发掘的南唐二主和前蜀王建墓来看，更多注重墓内装饰，雕刻、壁画的构图和技法水平都很高。北宋陵墓综合了汉唐的特征，但更规格化。帝陵的主体称为上宫，为十字轴线对称，方形围墙，四面正中设门，转角处建角楼，南面设神道，建阙门。神道两侧对称排列大朝会的仪仗，有宫女、官员、使臣、马、象、羊、虎等石刻，最南端建阙门，称为乳台。另在上宫的北面建下宫，为一组供奉帝后遗像和祭祀使用的祠祀建筑。帝陵西北方为后陵，形制与帝陵相同而规模减小。宋以前帝王陵墓至今只发掘了很少几座，很难全面判断墓室形制，但从已知的有关材料来看，大体上汉以前多为土穴木椁方形单室；汉以后多为砖石拱券结构，有前、中、后3墓室或前后2墓室，墓道很长。

北京明十三陵定陵地宫金刚墙

明代陵墓继承了宋代集中建陵，组成陵区环境的传统，同时加强了神道建筑处理，突出陵墓前导部分的气氛，但对陵体作了大的变动。明陵的陵体完全宫室化，是对朝会格局的模拟，其中前朝部分为宫室型的纵向院落，而将后寝部分改为明楼宝城。清代陵墓与明陵基本相同，只是规模略小，每陵都设神道，并有独立的后妃陵墓。墓室都是多室型拱券结构。

建筑艺术形式　中国古代陵墓属于礼仪性纪念建筑，其功能主要是体现帝王神灵不朽，法统永存。因此要求建筑表现出某种肃穆、崇高、永恒的艺术气氛。陵上种植长青松柏，就表明了陵墓所追求的含义。在建筑处理上，唐代以前，多注重陵墓本身的造型设计，十字轴线对称的截锥体，富有稳定、坚实、严肃的性格，陵丘顶上建寝殿，更突出了这种建筑的神圣性。但当时对环境序列重视不足。唐代开始重视环境，陵前设置很长的神道，用门阙、石像加深了序列层次，烘托出了浓重的纪念性格。而利用自然山峰作为坟丘，使神道至陵前逐步升高，展示出雄伟壮阔的气势。但陵墓本身建筑处理不多，气魄开阔有余而格调深沉肃穆不足。宋陵综合汉唐手法，并将帝陵后陵集中修建，环境总体气氛组织得比较好，但因受风水观念影响，依"五音姓利"的说法，以国姓赵属"角"音，利于丙、壬方位（北偏西），必须按照"东南地穹，西北地垂"布置建筑，所以各陵都是前（南）高后（北）低，再加上南对嵩山少室，北靠洛河，更加大了后倾的趋向。明清陵墓艺术形象最突出，手法最成熟，主要表现在：①集中修建，注重环境效果。环境都

北京明十三陵石牌坊

是正面开敞，其余三面山峦环抱的小盆地，前低后高；建筑与环境尺度适中，都是在人的正常视野范围以内，既保证了整体气势雄阔，又使人能够把握住完整的艺术效果。②每陵正对一座山峰，将自然的山陵组织到人造的陵墓建筑中，增加了建筑艺术形象的内涵。③特别注重前导部分的序列处理。清陵每陵前都有神道、碑楼，加深了各陵的层次。明十三陵只有1条神道，从石牌坊到长陵前总长达7.5千米，共分3段，艺术效果极为强烈，实际上是整个陵区的一条脊骨。④陵墓建筑整齐对称，造型严谨，特别是明楼宝城，形如城堡，坚实有力，很富有纪念性格。

中山国王墓

中国战国时代中山国国王墓。位于河北省平山县三汲区，北有东、西灵山，南隔滹沱河与县城相望。中山国是战国时期北方少数民族白狄的诸侯国家，自建国至灭亡，历时400多年。

陵墓建筑　在三汲区东部的战国古城址内，发现并发掘了3～6号4座大、中型墓。墓成东西向排列，附近都有陪葬坑。另距城址西墙2千米处，并列着1、2号两座大墓，墓上及附近有建筑遗址、陪葬墓、坑等。发掘后证实1号、6号墓均为中山国王墓。1号墓最大，为中山国王之墓，埋葬时间约在公元前310年。墓上封土呈方形，由下而上为3层台阶。第1层内侧有卵石筑成的散水，第2层有回廊建筑遗址。墓南北向，两侧有陪葬墓6座，前有2座车马坑和杂殉坑、葬船坑等。墓主室平面呈中字形，南北长约110米，宽约29米。室壁成4级阶梯，表面用白粉涂饰。椁室在室内中部，平面方形，南北长14.9米，东西宽13.5米。

1号墓椁室内出土兆域图铜板，长94厘米，宽48厘米，厚约1厘米，兆域图是一幅葬域建筑平面图，图中注明建筑各部分尺度以及王后和夫人的棺椁的制度等。它是中国现知最早的建筑设计图，根据此图并结合遗址，可以推测出王墓建筑的原状非常雄伟。

陵墓雕塑　陵墓随葬器物很多，但多属雕塑作品，主要是生活用具和礼器等。青铜作品出土于1号墓，有鸟柱盆、错金银龙凤座方案、虎座15连盏灯、错银双翼神兽、错金银虎噬鹿器座、错金银犀形器座、错金银牛形器座、错金银神兽等；出土于6号墓的，有银首人形灯、鸟柱盆、错银镶金镶绿松石牺尊等。其中，各种动物形器物，造型都很生动。

　　最成功的作品是错金银虎噬鹿器座，高21.5厘米。作者选择了虎已将鹿攫住、鹿犹在挣扎的瞬间，虎腹弯曲贴地，尾平甩起，四肢有力地撑持着，预示即将转身腾跃，从姿态的转变中表现了力度和运动感。虎座15连盏灯高84.5厘米，立柱上有15盏灯歧出，有如灯树。底盘由3只一首双身的虎承托着，盘镂空刻蟠龙，盘上立有两个裸上身的人正与灯树上的6只猴子戏逗，树中间栖大鸟，再上，有长龙向顶部攀援。全器由人、猴与灯柱的比例和各种动物的动作与相互关系，造成向上、向四周扩展的空间感觉。银首人形灯，通高66.4厘米，人高25.5厘米，是以多种材料制作的：人的头部银制，眼珠以黑宝石镶嵌，铜制的衣服以红、黑色漆填卷云纹饰；两手握双螭，其左由两螭相衔接，连着上下两个灯盏，右边螭首咬住一根饰有错银蟠螭纹的灯柱，柱顶为第3个灯盏，灯柱上有蟠螭逐猴。人的形象较呆滞，但构思甚巧，制作精工。错金银龙凤座方案，高37.4厘米，长48厘米。以底座上的4鹿承托，器的主体部分为纠缠交叉在一起的4龙4凤结构而成，局部变化多端而整体关系明确简洁，显示了战国金属工艺作品的构思精密和制作严谨。

青铜错金银双翼神兽　中山国王墓出土

　　玉、石器多发现于1号墓和3号中型墓。重要的有3件小玉人，其中2件为头梳牛角形双髻的妇女，1件为儿童；由虎、蟠虺和兽面等纹饰组成的浮雕线刻石板；玉珮饰中的3龙蟠环透雕珮及龙、虎形珮，具有玲珑剔透之美。

　　陶器中的动物造型有鸟柱陶盆、鸭尊等，多为黑陶，磨光压划几何纹。鸭尊器腹圆形，以鸭头为流，鸭

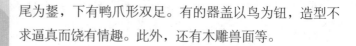

尾为錾，下有鸭爪形双足。有的器盖以鸟为钮，造型不求逼真而饶有情趣。此外，还有木雕兽面等。

乾陵

中国唐高宗李治与武则天的合葬陵。位于陕西省乾县城西北6千米的梁山。唐高宗李治于光宅元年（684）葬于乾陵。武则天于神龙二年（706）祔葬乾陵。乾陵为中国比较完整的早期陵寝，也是早期陵寝中遗存陵园雕刻数量最多者。

建筑 乾陵因袭唐昭陵"因山为陵"的体制，设计布局仿照唐代长安城格局，有内、外2城，分布于梁山。

梁山，有三峰。北峰最高，南两峰较低，左右对峙。内城（皇城）环绕梁山北峰，面积约240万平方米。陵墙大体呈方形，四角有角楼，四面有门。南门为朱雀门，是正门；北为玄武门；东为青龙门；西为白虎门。乾陵地宫位于北峰下，墓道在南侧山腰上，以石条层层填砌，直抵墓门。北峰脚下，正对朱雀门有献殿遗址。

陕西乾陵六十一蕃酋石像生

乾陵的整体设计巧妙地利用地形变化，与建筑、雕刻群配合，构成陵区庄严宏伟的气势。自内城的北门，穿越梁山北峰，经献殿，出朱雀门，接连神道，是全陵区的中轴线。在这条中轴线上，山势有两个大的起伏。神道南端起点处，有高8米的两土阙，为乾陵第1道门建筑遗址。北行3千米，地势由低陡转高，抵达梁山南两峰。峰上各有15米高的土阙（楼阁遗址）。据《长安志图》，左侧原有狄仁杰等60人画像祠堂。两阙之间，有第2道门遗址。乾陵的第3道门，位于述圣记碑和无字碑之南，蕃酋群像之北。由南两峰与北峰联结成狭长三角形地段，其间布置着逶迤不断的建筑物与雕刻群。北峰居高临下，控制全局，南两峰自然地成为外城的天然双阙，拱卫陵区，整体气势异常雄伟。由于地势的高低变换，谒陵者进入第2道门，才能统览陵前的主要布局，增强了陵区宏伟博大的印象。在御道尽头，又需过一个低坡，始可仰见北峰，这样便反复加强了陵墓高大、庄严的视觉效果。由于设计者巧于因借山势，合理布置，因而使乾陵成为历代帝王陵墓中"因山为陵"的成功典型。

石刻　乾陵石刻分两大组群：一组为内城四门外的附属雕刻；一组为御道两侧的雕刻群，两大组群衔接处，矗立着高大的述圣记碑与无字碑。

内城四门外均有1对雄踞的石狮，再外为双阙（楼阁遗址）。北门外双阙之北，复有1对石马，成为中轴线的有力结束。南门外的附属雕刻与建筑物依次为：石人1对（仅余残座）、石狮1对、蕃酋群像、土阙二（楼阁遗址）、述圣记碑与无字碑。石狮高3.35米，胸宽1.3米，座高0.55米。四门外的石狮形制、大小均同。石狮造型双足前伸，重心在后，成稳定的金字塔形，筋骨劲健，结构坚实有力，体态威武雄浑，为唐代大型动物雕刻的代表性作品。蕃酋像两组，61身，与真人等高，头像多已残失。着域外服装、紧袖、反领、束带、着靴。背上刻"木俱罕国王斯陀勒"、"于阗国尉迟璥"、"吐火罗王子持羯达健"等。群像上部原有房屋覆盖。对这些群像，学术界有人认为是

陕西乾陵神道

来参加高宗殡仪的少数民族首领与外国王室，也有人认为是曾充任唐王朝侍卫的蕃臣形象。

《述圣记碑》，武则天撰文，唐中宗李显书，内容为歌颂唐高宗的文治武功。碑身方形，高6.3米，每面宽1.86米。庑殿顶，檐下四角雕刻金刚力士，承托碑顶。无字碑，武则天立，高6.3米，宽2.1米，厚1.9米，座高0.75米。碑首雕八龙相交，碑侧刻精美的云龙纹。

分列于神道两边的雕刻，自南端的第2道门起，向北，依次为：华表、飞马、朱雀、石马、石人。华表1对。柱身八棱形，饰卷草纹，顶为火珠形，高8米。飞马1对。面相劲挺，颈较短，肩部有流云纹组成的双翼。马高3.17米，长2.8米，置于1.25米高的双层方座之上。朱雀1对。高浮雕，造型简洁而写实。高1.8米，宽1.3米。石马及驭者5对，驭者6人。马身雕有鞍、鞯、勒、镫等马具。高1.8米，长2.45米，座高0.7米。驭者头损，约等人高，着紧袖长衣，束带。石人10对。戴冠，束带，宽袖，双手握长剑当胸。高4.1米，座高0.5米。这些石刻各具有不同寓意：华表为陵墓位置的标志；飞马、朱雀象征国之祥瑞；石马供乘骑；石人为侍卫近臣；石狮为守护陵墓的神兽；蕃酋群像则是"天下归心"的象征。整个雕刻群排列有序，造型单纯，气势庄重。又以数量的不同和比例高低、体积大小的差异，构成一种节奏感，在统一中有变化。乾陵雕刻群的配置形式，为后世所沿袭，逐步形成定制。

乾陵有陪葬墓17座，各有封土、围墙、土阙，有的有华表、石狮、石人、石羊等。1960年以来，先后发掘的有永泰公主李仙蕙、中书令薛元超、左卫将军李谨行、章怀太子李贤、懿德太子李重润等墓。永泰公主、章怀太子和懿德太子墓中发现的壁画、棺椁石刻线画及大量的三彩陶俑等，是研究唐代绘画与雕塑艺术成就的重要实物资料。

永昭陵

中国北宋皇帝仁宗赵祯的陵墓。位于河南省巩县城南。赵祯在位41年，嘉祐八年（1063）葬于此地。现在陵台底方56米，高13米。其西北角约200米处，有陪葬的曹后陵1座。按宋陵的建制，陵台四周有神墙、神门。永昭陵的神墙面长242米，东、西、北3个神门处，各立石狮1对。神墙四角有夯土的城台，原来上建角楼。陵台前建有献殿，即上宫，是举行祭祀大典的场所。但地面上的建筑全部毁于元代。

永昭陵由鹊台至北神门，南北轴线长551米。南神门外的神道上，布置有东西对称的石人13对，石羊2对，石虎2对，石马2对，石角端、石朱雀、石象、石望柱各1对，这些石刻造型秀长，雕法细腻。武士身躯高大，形象勇猛，目不斜视，忠实地守卫着宫门。客使体质厚重，轮廓线条简练明确，双手捧贡品，身披大袍，衣褶垂到脚边，人物形神兼备。石虎造型威武雄健，石羊面目恬静清秀。永昭陵的石朱雀雕刻尤为精美，整屏呈长方形，通身雕成层叠多变的群山云雾，烘托着展翅欲飞的朱雀，美丽的雀尾犹如一把俊扇挥动着风云。浮雕突出表现了鹏图矫翼的雄伟气概，呈现出瑰丽浪漫的画面。

河南永昭陵石朱雀

永昭陵附近还有宋陵7座，它们是葬赵匡胤父亲赵宏殷的永安陵；葬太祖赵匡胤的永昌陵；葬太宗赵光义的永熙陵；葬真宗赵恒的永定陵；葬英宗赵曙的永厚陵；葬神宗赵顼的永裕陵及葬哲宗赵煦的永太陵。这些陵墓建筑和永昭陵大体一致，均有较大陵台，周有角门，神道两侧是雄伟的石刻群。现在永昭陵和永厚陵已修建为宋陵公园。

十三陵

中国明代皇帝成祖朱棣至思宗朱由检13个皇帝陵墓区的总称。位于北京市昌平区北10千米的天寿山南麓，陵区面积约40平方千米，北、东、西三面山岳环抱，群

北京明十三陵长陵祾恩殿

峰耸立，13座皇陵沿山麓散布，各据岗峦，气势雄阔。

陵区前奏是一条显示帝王尊严的长达7.5千米的神道，始端是山口外的石碑坊，其中线正对着天寿山主峰。自此往北，经大红门、碑亭、石像生至龙凤门。龙凤门再北，地势渐高，约5千米到达长陵的陵门。石牌坊建于嘉靖十九年（1540），5间6柱11楼，阔约29米，高约14米，全部用大型汉白玉石构件建成，柱脚浮雕精美，16条蛟龙云海翻腾，16只雄狮戏耍绣球。额枋上的云纹柔美飘逸，仿木雕刻斗拱细致入微，是明清以来不可多得的石刻佳品。神道中段两旁的石像生共计18对，其中狮子、獬豸、骆驼、象、麒麟、马、文臣、武臣、勋臣各2对，雕于宣德十年（1435），嘉靖十五～十七年又整修一次。石雕体积庞大，均用整石雕成，刀法纯熟简练，形象逼真准确。

长陵是陵区的主体，位于陵区中央，建于永乐二十二年（1424），是十三陵中最大的一座，其布局也是其他明陵的典范。长陵东侧有景陵、永陵、德陵，西侧有献陵、庆陵、裕陵、茂陵、泰陵、康陵，西南侧有定陵、昭陵、悼陵。长陵陵园由墙垣围绕，布置成3重庭院。第1重庭院为长陵陵门至祾恩门，庭院不大，东侧建有碑亭。第2重庭院广阔，以祾恩殿为中心，东西原有配殿。祾恩殿面阔9间，总长66.75米，进深5间，计29.31米，重檐庑殿顶，黄色琉璃瓦，坐落在3层汉白玉石台基之上，是安放帝、后灵位和举行祭祀典礼的场所。殿内总面积为1956.4平方米，60根金丝楠木大柱承托梁架，中央4根大柱直径达1.17米，高约14.30米，自根至顶为一整木。祾恩殿是十三陵中体量最大的建筑，曾遭雷击焚烧与地震，但迄今无倾斜，表明了中国古代高超的建筑技术。第3重庭院相当于宫殿的后寝，即真正的陵墓部分，主体建筑为方城、明楼。方城高约10米，下有甬道，长13米；明楼为重檐歇山顶，内竖有石碑。明楼之后为圆形丘陵，外绕城墙，称为宝城，其下即地宫。

从已发掘的定陵地宫来看，明代陵墓地下墓室是用巨石发券构成若干墓室相连，形成地下宫殿。墓室平面以1个主室和2个配室为主体。主室前有甬道，3重门，门券上雕有龙凤和吻兽。石券最大跨度9.1米，净高达9.5米。地宫石拱结构坚实，迄今安好无损。

清东陵

中国清代皇陵区。位于河北省遵化市昌瑞山南麓。顺治十八年（1661）起在此建陵，后又在易县建陵。此处位东，故称清东陵。有帝陵5座，为世祖顺治孝陵、圣祖康熙景陵、高宗乾隆裕陵、文宗咸丰定陵、穆宗同治惠陵。另有慈禧陵等后陵4座，以及妃园寝和王爷、皇太子、公主园寝等。1928年裕陵和慈禧陵地宫被军阀孙殿英盗掘一空，至1945年其他各陵也被盗掘。现已成为著名旅游景区。

陵区占地约2500平方千米。帝、后、妃陵寝以孝陵为中心，按顺序排列两旁。南面正门为大红

河北清东陵远眺

门，是孝陵和整个陵区的门户。门前有石牌坊，门内有长达5.5千米的神道直通孝陵。门内东侧为更衣殿。从大红门顺神道往北，依次有孝陵圣德神功碑楼，文臣、武将、石兽等18对石像生，龙凤门，神道桥，神道碑亭。碑亭内有镌刻着皇帝庙号和谥号的石碑。神道后段，又分出景陵、裕陵和定陵的神道通往各陵，唯惠陵无神道。各帝、后陵园形制基本相同：前面隆恩门内为隆恩殿和东西配殿，往后依次有三座门、二柱门和石五供，再后为明楼，最后是宝城、宝顶，宝顶下为地宫。其中慈禧陵的隆恩殿最为豪华，栏杆、陛石采用透雕技法，梁柱用黄花梨木，斗栱、梁枋、天花板上的彩绘和砖雕内壁全部贴金，殿内外64根柱上均有高浮雕金龙盘绕。裕陵地宫规模最大，进深54米，为青白石砌成的拱券式结构，有3室4道石门，墓室四壁及顶部雕刻佛像和经文。

中国园林

中国古典园林，是把自然的和人造的山水以及植物、建筑融为一体的游赏环境。在世界三大园林体系（中国、欧洲、阿拉伯）中，中国园林历史最悠久，内涵最丰富。

发展阶段　中国园林萌发于商周，成熟于唐宋，发达于明清。它经历了5个发展阶段：①商周时期，帝王粗辟原始的自然山水丛林，以狩猎为主，兼供游赏，称为苑、囿。②春秋战国至秦汉，帝王和贵戚富豪模拟自然美景和神话仙境，以自然环境为基础，又大量增加人造景物，建筑数量很多，铺张华丽，讲求气派。帝王园林与宫殿结合，称为宫苑。③南北朝至隋唐五代，文人参与造园，以诗画意境作为造园主题，同时渗入了主观的审美理想；构图曲折委婉，讲求趣味。④两宋至明初，以山水写意园林为主，注重发掘自然山水中的精华，加以提炼，园景主题鲜明，富有性格；同时大量经营邑郊园林和名胜风景区，将私家园林的艺术手法运用到尺度比较大、公共性比较强的风景区中。⑤明中叶至清中叶，园林数量骤增，造园成为独立的技艺，园林成为独立的艺术门类；私家园林（主要在江南）数量骤增，皇家园林仿效私家园林，成为私家园林的集锦。造园法则成熟，出现了许多造园理论著作和造园艺术家。

类型　中国园林主要有4种类型：①帝王宫苑。大多利用自然山水加以改造而成，一般占地很大，少则几百公顷，大的可到几十平方千米的幅员，气派宏伟，包罗万象。历史上著名的宫苑有秦和汉的上林苑、汉的甘泉苑、隋的洛阳西苑、唐的长安禁苑、宋的艮岳等。现存皇家宫苑都是清代创建或改建的，著名的有北京城内的西苑（中、南、北海），西北郊三山五园中的清漪园（颐和园）、静明园、圆明园（遗址）、静宜园（遗址）、畅春园和承德避暑山庄。帝王宫苑都兼有宫殿功能，其苑景部分的主题多采集天下名胜、古代神仙传说和名人轶事，造园手法多用集锦式，注重各个独立景物间的呼应联络，讲究对意境链的经营。②私家园林和庭园。多是人工造的山水小园，其中的庭园只是对宅院的园林处理。一般私家园林的规模都在1公顷上下，个别大的也可达4~5公顷。园内景物主要依靠人工营造，建筑比重大，假山多，空间分隔曲折，特别注重小空间、小建筑和假山水系的处理，同时讲究花木配置和室内外装饰。造园的主题因园主情趣而异，大多数是标榜退隐山林，追慕自然冲淡。历史上著名的私家园林很多，见于记载的就不下1000余座，其中苏州、扬州、南京的园林最为人所称道。③寺观园林。一般只是寺观的附属部分，手法与私家园林区别不大。但由于寺观本身就是"出世"的所在，所以其中园林部分的风格更加淡雅。另外还有相当一部分寺观地处山林名胜，本身也就是一个观赏景物，这类寺观的庭院空间和建筑处理也多使用园林手法，使整个寺庙形成一个园林环境。④邑郊风景区和山林名胜。如苏州虎丘、天平山，扬州瘦西湖，南京栖霞山，昆明西山滇池，滁州琅琊山，太原晋祠，绍兴兰亭，杭州西湖等；还有佛教四大名山，武当山、青城山、庐山等。这类风景区尺度大，内容多，把自然的、人造的景物融为一体，既有

北京颐和园长廊

私家园林的幽静曲折，又是一种集锦式的园林群；既有自然美，又有园林美。

基本特征 中国园林是中国建筑中综合性最强、艺术性最高的一种类型，不论是哪一种类型的园林，它们之间都有一些共同的基本特征，主要有：①追求诗画意境。自从文人参与园林设计以来，追求诗的含义和画的构图就成为中国园林的主要特征。谢灵运、王维、白居易等著名诗人都曾自己经营园林。历代诗词歌赋中咏唱园林景物的佳句多不胜数。画家造园者更多，特别是明清时期，名园几乎全由画家布局；清朝许多皇家园林都由如意馆画师设计。园林的品题多采自著名的诗作，因而增加了它们的内涵力量；依画本设计布局，就使得园林的空间构图既富有自然趣味，也符合形式美的法度。②注重审美经验，通过多种手段调动审美主体的能动性。园林毕竟是人造的景物，不可能将自然美完全逼真地再现出来，其中的诗情画意，多半是人的审美经验的发挥，即所谓借景生情，情景交融。观赏者的文化素养越高，对园林美的领会越深。东晋简文帝入华林园说："会心处不必在远，翳然林水，便自有濠濮间想，觉鸟兽禽鱼，自来亲人。"明代计成《园冶》论假山说："有真为假，做假成真。"都是强调在园林审美活动中主客观的密切关系。因此，中国园林特别注重两种手法，一是叠山理水，因为假山曲水比较容易模仿自然，形成绘画效果；二是景物命名，通过匾、联、碑、碣、摩崖石刻，直接点明主题。两者都能较有力

江苏苏州网狮园

地引起联想，构成内在形象。③创造无穷的空间效果。私家园林面积都不大，皇家宫苑又是私家园林的集锦，而诗情画意的美学内涵则是某种连续委婉的曲线流动。因此必须运用曲直、断续、对比、烘托、遮挡、透露、疏密、虚实等手法，取得山重水复、柳暗花明的无穷效果。所谓"套室回廊，叠石成山，栽花取势，又在大中见小，小中见大，虚中有实，实中有虚，或藏或露，或浅或深"（清·沈复《浮生六记》）等，都是造成无穷空间的手法。④特别强调借景。借景包含借入与摒弃两个相反相成的部分。《园冶》指出："借者，园虽别内外，得景则无拘远近，……俗则屏之，嘉则收之"；有"远借、邻借、仰借、俯借、应时而借"种种手法。中国园林运用借景手

江苏苏州留园

法创造了许多著名的美的画面，如江苏无锡寄畅园借景锡山宝塔，北京颐和园画中游、鱼藻轩借景玉泉山和西山，河北承德避暑山庄锤峰落照借景磬锤峰等，都是这方面最成功的例子。

圆明园

中国清代皇家园林。遗址位于北京市西北郊。一般所说的圆明园，还包括它的两个附园长春园和绮春园（万春园）在内，因此又称"圆明三园"。它是清代北京西北郊五座离宫别苑即"三山五园"（香山静宜园、玉泉山静明园、万寿山清漪园、圆明园、畅春园）中规模最大的一座，面积347公顷。咸丰十年（1860），英法

北京圆明园西洋楼遗址

联军侵入北京，先是劫掠，继而放火烧毁这座旷世名园，只留下残壁断垣，衰草荒烟。

建园简述 圆明园始建于清康熙四十八年（1709），是在康熙皇帝赐给皇四子胤禛的一座明代私园的旧址上建成的。胤禛登位为雍正皇帝后，扩建为皇帝长期居住的离宫。乾隆时期再度扩建，乾隆九年（1744）竣工。以后，又在园的东侧辟建长春园，东南辟建绮春园，作为附园。乾隆三十七年全部完成，构成三位一体的园群。

山水 圆明园全部由人工起造。造园匠师运用中国古典园林造山和理水的各种手法，创造出一个完整的山水地貌作为造景的骨架。圆明三园之景都以水为主题，因水而成趣。利用泉眼、泉流开凿的水体占全园面积的一半以上。大水面如福海宽600多米；中等水面如后湖宽200米左右；众多的小型水面宽40～50米，作为水景近观的小品。回环萦绕的河道又把这些大小水面串联为一个完整的河湖水系，构成全园的脉络和纽带，并供荡舟和交通之用。叠石而成的假山，聚土而成的岗阜，以及岛、屿、洲、堤分布于园内，约占全园面积的1/3。它们与水系相结合，构成了山重水复、层叠多变的百余处园林空间。

乾隆皇帝六次到江南游览名园胜景，凡是他所中意的景致都命画师摹绘下来作为建园的参考。因此，圆明园得以在继承北方园林传统的基础上广泛地汲取江南园林的精华，成为一座具有极高艺术水平的大型人工山水园林。

建筑　圆明园内有类型多样的大量建筑物，虽然都呈院落的格局，但配置在那些山水地貌和树木花卉之中，就创造出一系列丰富多彩、格调各异的大小景区。这样的景区总共有150多处，主要的如"圆明园四十景"、"绮春园三十六景"，都由皇帝命名题署。园内的建筑物一部分具有特定的使用功能，如宫殿、住宅、庙宇、戏院、藏书楼、陈列馆、店肆、山村、水居、船埠等，但大量的则是供游憩宴饮的园林建筑。除极少数的殿堂、庙宇之外，一般外观都很朴素雅致、少施彩绘，与园林的自然风貌十分谐调，但室内的装饰、装修、陈设极为富丽，以适应帝王穷奢极侈的生活方式。

圆明园作为皇帝长期居住的地方，兼有"宫"和"苑"的双重功能。因此，在紧接园的正门建置一个相对独立的宫廷区，包括帝、后的寝宫，皇帝上朝的殿堂，大臣的朝房和政府各部门的值房，是北京皇城大内的缩影。

景区　圆明园内的150多处景区各具特色。有仿效江南山水名胜的，如福海沿岸模拟杭州西湖十景，"坐石临流"仿自绍兴兰亭；有取古人诗画意境的，

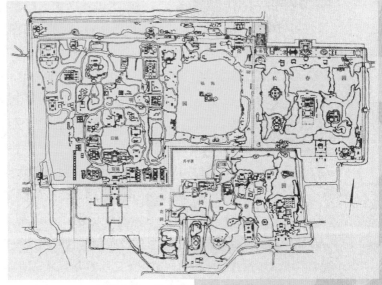

圆明园、长春园、绮春园总平面图

如"武陵春色"取材于陶渊明的《桃花源记》；有表现神仙境界的，如"蓬岛瑶台"寓意神话中的东海三神山；有象征封建统治的，如九岛环列的后湖代表禹贡九州，体现"普天之下，莫非王土"；有利用异树、名花、奇石作为造景主题的，如"镂月开云"的牡丹、"天然图画"的修竹等。这些主题突出、景观多样的景区，大多数作成"园中之园"，它们之间均以筑山或植物配置作障隔，又以曲折的河流和道路相连，引导游人从一景走向另一景。园中有园是中国古典园林中的一种独特布局形式，圆明园在这方面可算是典型佳例。

长春园北部有一个特殊的景区俗称"西洋楼"，包括远瀛观、海晏堂、方外观、观水法、线法山、谐奇趣等，是由当时以画师身份供职内廷的欧洲籍天主教传教士设计监造的一组欧式宫苑。六幢主要建筑物为巴罗克风格，但在细部装饰方面也运用许多中国建筑手法。三组大型喷泉、若干小喷泉和绿地、小品则采取勒诺特尔式的庭园布局。这是在中国宫廷里首次成片建造外国建筑和庭园。

影响　圆明园不仅在当时的中国是一座最出色的行宫别苑，乾隆皇帝誉之为"天宝地灵之区，帝王游豫之地无以逾此"，并且还通过传教士的信函、报告的介绍而蜚声欧洲，对18世纪欧洲自然风景园的发展曾产生一定的影响。

颐和园

中国清代皇家园林。位于北京市西北郊，是清代北京三山五园之一，中国现存最完整的一座大型园林。全园占地290公顷，陆地和山地占1/4，水面和水上岛屿占3/4。园内共有园林建筑、庙宇及宫殿建筑3000多间。

金、元时期，这里就已被开发为风景区，称为瓮山和瓮山泊。明代建造了好山园，改瓮山泊为西湖，在瓮山南麓和西湖岸边建有圆静寺等十刹，有"西湖十景"之胜。清乾隆十五年（1750），乾隆皇帝为母亲孝圣宪皇太后祝寿，在此大力兴建，于瓮山南坡正中因圆静寺旧址建大报恩延寿寺，扩展西湖并点缀亭、台、殿、阁等园林建筑，奠定了全园格局，命名为清漪园。同时改瓮山为万寿山，西湖为昆明湖。咸丰十年（1860），英、法联军入侵时清漪园被毁。光绪十四年（1888），慈禧挪用海军军费在10年时间内重新修复，并改名为颐和园。光绪二十六年遭八国联军再次破坏，二十八年再修，遗存至今。

全园由宫殿和园林两部分组成，园林部分又包括前山前湖和后山后湖两区。

宫殿区很小，在全园主要入口东宫门内，东去直通圆明园，北达前山，西南为前湖，位置适宜，可避免议事臣僚深入园内。宫殿区为规整对称布局，但为与园林风格协调，建筑体量不大，风格不过于隆重，院内植树莳花立石。

前山（即万寿山南坡）及山前的前湖（即

北京颐和园万寿山和昆明湖

昆明湖）是园林内涵的主体，以佛香阁为主景。佛香阁建在山南正中高台上，体量雄伟，俯控前湖，是全园的构图中心。它造型敦厚，与比较平实的前山山形取得协调，它和它后面的众香界琉璃牌楼、智慧海琉璃砖殿前呼后应，又大大丰富了前山的天际线。在前山以佛香阁为中心布置了30多座各类建筑，并以沿湖北岸的长廊联系起来。整个前山区色彩富丽、金碧辉煌，不失皇家气派。

前湖开阔浩渺，湖上筑龙王庙、治镜阁和藻鉴堂3岛，借喻东海蓬莱、瀛洲和方丈三山。3岛间以堤将昆明湖分为大小不等的3片水域，增加了水面层次，扩大了水面的深远效果。西堤最长，仿自杭州西湖苏堤，堤上置6桥，种桃柳，一派江南风光。

西堤由西北向东南延伸，湖面北阔而南窄，强调了从前山南望水面的透视效果。湖上各岛石簇树拥，楼台掩映，同前山遥相呼应，互为对景。龙王庙岛最大，在佛香阁对面略偏东，是观赏前山全景的最好位置。龙王庙东以石砌十七孔桥和湖东岸相接。

北京颐和园琉璃塔

北京颐和园谐趣园

后山即万寿山北坡，山下一串人工小湖，曲折相连，称为后湖。后山清净而富野趣，后湖曲折而深邃，与前山前湖的富丽壮阔形成鲜明对比。后山的建筑数量不多，除仿藏式的喇嘛庙须弥灵境外，其他规模较小，装饰色彩较清雅质朴，与整个环境气氛十分协调。后山、后湖山嵌水抱，"虽由人作，宛自天开。"其北岸有一道东西走向的人工小山丘，隔断了视线，使人不觉小山后近在咫尺的北宫墙的局促。后山东部还有两处园中之园——谐趣园、霁清轩，丰富了游观内容。其中以谐趣园最为精致，它的设计参考了无锡寄畅园。

颐和园是中国封建社会最后建成的大型皇家园林，集中体现了中国古代园林艺术的卓越成就。

避暑山庄

中国现存面积最大的皇家园林。又称热河行宫或承德离宫。位于河北省承德市区北部，武烈河狭长谷地的西岸，总面积564公顷。始建于清康熙四十二年（1703），乾隆时期扩大面积，增建园景，最后完成于乾隆五十五年（1790）。避暑山庄是清初康熙皇帝为了巩固北部边防，处理边疆民族政务而兴建的一所宫廷性质的园林，除了具备夏季居住游赏的一般功能外，还有着特殊的纪念意义。避暑山庄东临武烈河，西、北两面为山地。它的核心是丽正门（正门）以内，以澹泊敬诚殿为主体的宫殿区。宫殿区的东北部是由7个大小不同的湖面串联而成的湖泊洲岛群和一片草原；北、西部是由4条沟壑为骨干的山峦丘陵，都是专供游赏的苑景区。苑景区以外，东部隔武烈河的台地和北部隔狮子沟的山坡上，布置了12所喇嘛庙和另1座中型园林狮子园。它们的背景又是形象奇异的山峰怪石。在这个大约20平方千米的范围内，组成了一个山环水绕、瑰丽多姿的空间艺术环境。

康熙皇帝在建园初期以4字命名了三十六景（如：云山胜地、芝径云堤、月色江声等），乾隆时又以3字命名了三十六景（如：如意湖、采菱渡、冷香亭等），实际上避暑山庄的景点远不止这72处。园内有大型的宫殿、寺庙，也有小型的庭园，还有独立的亭阁，以及临时搭建的蒙古包和木板房，总共有大约120组（座）建筑，面积共约10万平方米。这些建筑中有大约2/3布置在占全园1/5的湖岛平原地带，其余1/3分布在占全园4/5的山区沟岭之间。它们适应地形，相对集中又互有联系，成为一种集锦式的园林组群。

避暑山庄虽然是皇家宫苑，但整体风格朴素淡雅，与周围苍莽的北方山水景物很谐调。康熙在建园之初就指定"自然天成就地势，不待人力假虚设"（《芝径云堤》诗），"无刻桷丹楹之费，喜林泉抱素之怀"（《避暑山庄记》）作为造园的基本原则。所以全园中除一两处寺庙使用琉璃瓦和贴金彩画外，即使是正宫也只用灰瓦卷棚屋顶，块石围墙。各处景点园林建筑，都是傍依自然地形，灵活布局，单座建筑形体简单，体量不大，处处表现出天然无饰、疏朗空灵的自然之美。

河北避暑山庄正宫门

模拟全国重要景物汇集一处，是皇家园林的一个重要特点，避暑山庄在这方面也很突出。东南方的湖泊区，和它北面的草地，仿佛是江南水乡和北方蒙古草

河北避暑山庄烟雨楼

原；西部的山峦，类似西南和西北的高原山区；蜿蜒在山上的城墙式宫墙，又好像万里长城的缩影。在这山水之间，模仿建造的有苏州狮子林、千尺雪、笠亭，南京报恩寺，泰山碧霞祠和斗姥阁，嘉兴烟雨楼，杭州西湖苏堤，镇江金山寺，杭州放鹤亭，宁波天一阁，绍兴兰亭，滁州醉翁亭，蒙古大毡包等。再加宫墙外模仿蒙藏地区建造的著名喇嘛庙和五台山殊像寺、海宁安国寺罗汉堂，整个环境就是一幅统一的多民族国家的具体形象。但模仿建造的原则是"循其名而不袭其貌"（乾隆《笠云亭》诗序），所以总体风格仍是统一的。

苏州园林

中国江苏省苏州市区内古典园林的通称，包括私家宅园、庭院和寺庙园林。苏州地区山明水秀，气候湿润，经济富庶，文化发达，营造园林的自然和人文条件很好。早在春秋时期，吴王阖闾、夫差就曾建长乐宫、姑苏台、海灵馆、馆娃阁等，都是富丽的宫苑。其后，如西晋的顾辟疆园，东晋的虎丘别业，五代吴越国的广陵王金谷园，北宋的五亩园、沧浪亭、乐圃、绿水园，南宋的万卷堂，元的狮子林等，均很有名。明清以来，凡苏州官吏富商，以至一般士民，几乎无不造园。

现存苏州园林中保存较完整的有70多处。其中明代创建的有拙政园、惠荫园、环秀山庄和留园，但也经过清代扩建、改建和重建。除西园、寒山寺和虎丘为寺庙园林外，绝大多数是附于住宅旁的人工山水园林，规模大的有一二万至四五万平方米，小的只有几千平方米。不论面积大小，每座园林几乎都包括了当时所有可能使用的造园手段。正如清代沈德潜《复园记》所说："因阜垒山，因洼疏池。集宾有堂，眺望有楼有阁，读书有斋，燕寝有馆有房。循行往还，登降上下，有廊、榭、亭、台、碕、沜、邨、柴之属。"它们的格局大都以山、水、泉、石为骨骼，以花、木、草、树为烘托，以亭、榭、楼、廊为连缀。这些自然的、人工的要素由于比重的大小，品类的差别，组合的疏密，式样的异同，便形成了不同的基本风格。例如，网师园水面占全园面积的3/5，沿池布置山石建筑，便构成了以水面为重心的水景园；沧浪亭入门迎面山石占据前院面积的4/5，便构成了以山石为主的山景园；狮子林、环秀山庄山水并重，便构成了山水园。同时受园主或造园者审美理想的影响，所用的手法不同，又形成了一些特有的格调。如拙政园和网师园山石自然古拙，花木扶疏苍秀，建筑

江苏苏州拙政园

江苏苏州留园冠云峰

简洁得体，水面宽展清弘，有着淡泊宁静的格调；沧浪亭门外一带流水，间以钓台、廊堤、驳岸，门内几转丘壑，间以古木、丛竹、藤萝，有着苍古幽邃的格调。

私家宅园多数规模很小，四周高墙环绕，因此必须充分利用路径、山石、建筑组成曲折变化的众多空间，彼此分隔又相互渗透，以求取得小中见大的效果。其中，空间尺度的对比和多角度、多层次的画面成景是最主要的手法。欲透先堵，欲扩先收，欲扬先抑，欲平先陡，高下曲折，斜直交错，以求唤起观赏者的流动感、深邃感和趣味感。

山水宅园以外，苏州还有更多的庭院，都是在不大的住宅天井中点缀少许山石水池，种植一些花木，使得庭院富有自然生机。至于寺庙园林，多是将私家园林的局部手法连缀起来，从总体来看，开阔胜于幽深，自然情趣胜于人工经营。